云南省应用基础研究面上项目(2009ZC040M)
国家自然科学基金(50574054)资助

稀土-银系无机抗菌材料

张　彬　著

北　京
冶　金　工　业　出　版　社
2011

内 容 提 要

本书系统地介绍了含稀土载银无机抗菌材料的制备及其各种性能。其中稀土元素选取了除钷（放射性元素）以外的全部16种元素（Sc、Y、La、Ce、Pr、Nd、Sm、Eu、Gd、Tb、Dy、Ho、Er、Tm、Yb、Lu），载体采用分散性好，比表面积大的白炭黑。本书共分4章，第1章概括介绍无机抗菌材料、载体及稀土-无机抗菌材料的发展现状；第2章介绍稀土-银系抗菌白炭黑的制备及其检测方法；第3章、第4章分别介绍轻稀土-银系抗菌白炭黑和重稀土-银系抗菌白炭黑的制备及其各种性能。书的最后还介绍了一些相关的行业标准。

本书可供从事化学功能材料、环境专业以及相关专业的科研人员阅读，也可作为大专院校研究生、本科生的教学参考书。

图书在版编目(CIP)数据

稀土-银系无机抗菌材料/张彬著. —北京:冶金工业出版社, 2011.5

ISBN 978-7-5024-5546-0

Ⅰ.①稀… Ⅱ.①张… Ⅲ.①稀土化合物:无机化合物—抗微生物性—功能材料 ②银化合物:无机化合物—抗微生物性—功能材料 Ⅳ.①TB34

中国版本图书馆 CIP 数据核字(2011)第 051788 号

出 版 人 曹胜利

地　　址 北京北河沿大街嵩祝院北巷 39 号，邮编 100009

电　　话 (010)64027926 电子信箱 yjcbs@cnmip.com.cn

责任编辑 杨盈园 美术编辑 彭子赫 版式设计 葛新霞

责任校对 石 静 责任印制 张祺鑫

ISBN 978-7-5024-5546-0

北京百善印刷厂印刷；冶金工业出版社发行；各地新华书店经销

2011 年 5 月第 1 版，2011 年 5 月第 1 次印刷

850mm × 1168mm 1/32；6.5 印张；171 千字；195 页

25.00 元

冶金工业出版社发行部 电话:(010)64044283 传真:(010)64027893

冶金书店 地址:北京东四西大街 46 号(100010) 电话:(010)65289081(兼传真)

(本书如有印装质量问题，本社发行部负责退换)

前　言

抗菌材料作为一种新型安全的绿色材料，已逐渐为人们所接受。无机抗菌材料由于具有耐酸、耐碱、耐洗涤、抗菌持久性、广谱性和无二次污染等优点，已成为抗菌材料中研究的一个重点。无机抗菌材料中以金属离子型无机抗菌材料的研究最为广泛。稀土元素特殊的4f电子结构，使之具有许多优异的光、电、磁、核等特性，成为近代探索高科技材料的重要研究及开发对象。研究表明，抗菌材料中添加稀土元素可增加其抗菌性能，改善材料的分散性、均匀性和粒径大小等性能，并且，由于大大减少了抗菌离子的用量，使材料成本大为降低。可以预见，在未来抗菌材料的发展中含稀土金属离子型无机抗菌材料必将发挥其特有的优势。为此，有必要对各种稀土金属离子型无机抗菌材料进行系统全面的研究。这不仅可以完善稀土金属离子型无机抗菌材料的研究工作，还可为稀土元素在金属离子型无机抗菌材料方面的应用提供理论研究基础。基于上述考虑，本书较全面地研究了含稀土元素（除钷）银系无机抗菌材料。选取除钷（放射性元素）以外的全部16种稀土元素（钪、钇、镧、铈、镨、钕、钐、铕、钆、铽、镝、钬、铒、铥、镱、镥），采用分散性好，比表面积大的白炭黑作为载体。通过条件实验确定稀土-银系抗菌白炭黑的最佳制备条件，并采用SEM、EDS和FTIR等检测手段对样品进行了表征。

限于作者水平，本书可能出现不当之处，还请读者指正并提出宝贵意见。

作　者

2011年1月

目　录

1 概　论

1.1 无机抗菌材料

1.1.1 无机抗菌材料概述

无机抗菌材料与传统的天然抗菌材料和有机抗菌材料相比具有耐高温、耐酸、耐碱、耐洗涤、抗菌持久性、广谱性和无二次污染等优点。因此无机抗菌材料及其应用的研究、开发已成为抗菌领域的研究热点。

目前，国内外商品化的无机抗菌材料多选用 Ag^+、Cu^{2+} 和 Zn^{2+} 作为抗菌离子。其中 Ag^+ 的抗菌效果最好，但价格较高，且银离子在见光、受热条件下易变色；此外，Ag^+ 易与水介质中的 Cl^-、HS^- 和 S^{2-} 等发生反应，形成不溶于水的沉淀 AgCl 和 Ag_2S，从而失去抗菌活性。Cu^{2+} 和 Zn^{2+} 的价格低廉，且不存在变色问题，但抗菌效果均比 Ag^+ 差。如使用双组分或多组分抗菌离子，可加强抗菌能力，达到降低成本、解决银离子变色的问题。研究表明，当在制备过程中添加稀土元素，将大大提高抗菌材料的杀菌率。有学者指出，这主要是因为这种抗菌材料能够产生大量·OH，而·OH 能够有效地杀死制品表面的细菌。

除金属离子的选择外，抗菌材料性能还与抗菌材料的载体有关。迄今为止所使用的抗菌材料载体有沸石、托勃莫来石、磷酸钙、磷酸锆、蒙脱石、磷酸钛盐、黏土矿物、可溶性玻璃、硅酸玻璃、硅胶、氧化铝溶胶和活性炭等。其中，应用最广泛的是沸石抗菌材料。目前使用的这些载体所制得的抗菌材料的抗菌效果较好。白炭黑具有很好的补强和增黏作用以及良好的分散、悬浮和振动液化特性，广泛用于橡胶、油脂、涂料、印刷及医药行业。白炭黑具有化学稳定性好、耐高温、比表面积大、分散性好等优点，适合作为载体和制品的添加材料。

1.1.2 无机抗菌材料的分类

随着无机抗菌材料的发展，无机抗菌材料已发展为四类：含金属离子的抗菌材料、TiO_2 光催化（或称光触媒）抗菌材料、金属氧化物抗菌材料和具有远红外辐射功能的抗菌材料（近年来新发展起来的）。

1.1.2.1 含金属离子的抗菌材料

含金属离子的无机盐或络合物的无机抗菌材料品种最多，用途最广，产量也最广。其特点是抗菌性和安全性高、耐热性好、抗菌范围广、有效期长。

含金属离子的抗菌材料最初采用高锰酸钾或双氧水等药源，但由于药效和制造成本等原因，现在趋于使用简单的金属离子为药源，如 Ag^+、Zn^{2+}、Cu^{2+} 和 Ti^{2+} 离子等。目前，由于单一金属离子抗菌材料的缺陷，如 Ag^+ 在紫外或高温的情况下被还原为金属银并立即转化为氧化银，抗菌性减弱，制品着色变暗从而降低了产品的价值，故研究者采用多种抗菌离子组分进行复合，如 Ag^+/Cu^{2+}、Ag^+/Zn^{2+}、$Ag^+/Cu^{2+}/Zn^{2+}/Sn^{2+}$、$Ag^+/NH^+$，以克服单一抗菌离子的缺陷。对于防止制品变色，可采用添加 $BaSO_4$、$Ca_3(PO_4)_2$、CaI、$CaSO_4$、ZnO 等白色颜料，以改进制品的色泽。此类金属离子型抗菌材料的制备方法，是先将抗菌性金属离子 Ag^+、Zn^{2+}、Cu^{2+} 和 Ti^{2+} 离子等，或含有这些离子的硅酸盐、磷酸盐等附着在沸石、硅胶、玻璃等载体上制成抗菌材料，再将抗菌材料添加到制备制品的原料中制成抗菌制品。如沸石抗菌材料、黏土抗菌材料、硅胶抗菌材料、玻璃抗菌材料、磷酸盐抗菌材料等。目前，研究者对银、铜、锌、钛等金属离子的抗菌性能的研究认为，具有抗菌性的金属离子可强烈地吸引细菌机体中酶蛋白的疏基，并与其迅速地结合在一起，使酶丧失活性，以达到杀灭细菌的目的。

银、铜、锌等金属对微生物显示抗菌性的事实是最早被人们发现的。后来经研究，很多金属离子都有抗菌性，表1-1列出了一些金属离子对沙门氏菌（Salmonella typhimurium）的最小发育阻止浓度（$mol \cdot L^{-1}$）。由表看出，抗菌力强的是Ag^{+}、Hg^{2+}、Cu^{2+}、Cd^{2+}，但由于Hg^{2+}和Cd^{2+}对人体有害，故通常人们选用银、铜、锌作为抗菌活性剂。由这些抗菌金属离子构成的抗菌材料与有机抗菌材料相比，具有许多独特的性能和优点，如耐高温、抗菌广谱性、长效、安全等。

表1-1　一些金属离子对沙门氏菌的最小发育阻止浓度（mol/L）

金属离子	Ag^{+}	Hg^{2+}	Cu^{2+}	Cd^{2+}	Au^{2+}	Co^{2+}	Ni^{2+}	Pb^{2+}
MIC（最小抑菌浓度）	2.0×10^{-6}	2.0×10^{-6}	1.5×10^{-5}	6.0×10^{-5}	1.2×10^{-4}	1.2×10^{-4}	1.2×10^{-4}	0.005
金属离子	H^{+}	Fe^{3+}	Al^{3+}	Zn^{2+}	Mn^{2+}	Ba^{2+}	Ca^{2+}	Na^{+}
MIC（最小抑菌浓度）	0.001	0.001	0.001	0.001	0.12	0.25	0.5	1.0

1.1.2.2　TiO_2光催化（或称光触媒）抗菌材料

光催化抗菌材料均为半导体型化合物。金属氧化物、硫化物等半导体型光催化抗菌材料有广阔的应用前景，并成为近年来材料学和催化学研究领域的热点材料。研究证明，真正起自洁、杀菌、除臭等功能的半导体光催化物质不多。目前，人们认为锐钛矿结构的Ti，经对各半导体能带分析可知，钙钛矿结构的$SrTiO_3$、层状结构的K_4NbO_{17}及隧道结构的N的价带和空的导带，锐钛矿型的二氧化钛禁带宽度（Eg）为3.2eV，当光照能量大于其带隙能时，其内的电子跃迁而形成自由电子，并留下空穴。导带中被激发的自由电子有强的还原性，价带中的空穴由于表面空间电荷发生能级弯曲而聚集到表面形成电位降，使表面具有强氧化性。在有合适的俘获材料存在时，表面可发生氧化还原反应，生成的活性羟基与有机物进一步反应生成有机氢氧化物，再与氧发生连锁反应。所以，TiO_2类光催化材料经光照射催化后，形成的活性羟基和其他活性氧类物质都具有较大的开发价值。

光催化抗菌材料可同时具有抗菌和防霉作用，且杀菌力强、消毒效果快、耐久性好、稳定性好、没有二次污染等特点。其杀菌机理是在光催化抗菌材料半导体型化合物中，光激发后使位于价带电子跃迁至导带，导带中被激发的电子具有强的还原能力，价带中的空穴具有强的氧化能力，故可杀死细菌。

1.1.2.3 金属氧化物抗菌材料

具有抗菌活性的氧化物有 MgO、CaO、ZnO 和钙质材料，其可在陶瓷、牡蛎、扇具等烧成粉末和天然矿石等中发现。其抗菌机制是细菌因受到外力作用而受伤直至死亡。与抗生物质和抗生材料的作用相似。

1.1.2.4 具有远红外辐射功能的抗菌材料

这类抗菌材料有 Mg-Al-Si-Zr-稀土系（白色）和 Mn-Fe-Co-Ni-Cu-Cr 系（黑色）等，是一种光热转换功能材料。它从环境中吸收光和热后，以远红外辐射能量形式输出。常温下能发射出 2 ~ 18μm 波长的远红外线，能激活空气和水，产生羟基自由基和活性氧，从而杀死细菌。

1.1.3 无机抗菌材料的特点

1.1.3.1 耐热性高

有机系抗菌剂，最好的可耐 200 ~ 300℃，而无机系抗菌剂可耐 1000℃以上的高温，故有很好的耐热性，从而可用于制作抗菌陶瓷等需高温烧结的制品。

1.1.3.2 广谱抗菌性

表 1-2 列出了银离子和铜离子对各种微生物的最小发育阻止

浓度，表1-3列出了日产AG300和AGZ330对各种微生物的MIC值，表1-4列出了AG300对各种MRSA（耐甲氧西林金黄色葡萄球菌）的MIC值。由这些表可看出，银离子及载银无机抗菌剂有好的广谱抗菌性。

表1-2　银离子、铜离子对微生物的最小发育阻止浓度

（μg/mL）

分 类	试验菌	银离子	铜离子
细 菌	大肠菌	0.78	400
	绿脓菌	0.78	400
	金黄色葡萄球菌	6.3	200
	肺炎杆菌	0.78	400
	枯草菌	1.56	400
	沙门氏菌	0.78	400
	棒状杆菌	0.78	200
真 菌	芽枝霉	800	200
	毛 壳	800	200
	青 霉	800	200

表1-3　日产AG300和AGZ330对各种微生物的发育阻止浓度

（mol/mL）

试 验 菌 株	AG300/10^{-8}	AGZ330/10^{-8}
大肠菌（Escherichia coli IFO 3301）	125	125
大肠菌0-157：H7	200	200
沙门氏菌（Salmonella typhimurium）	250	250
金黄色葡萄球菌（Staphylococus aureus IFO 12732）	250	250
MRSA（Mathicillin Resistant saureus）（京都微生物所分离株）	250	250
枯草菌（Bacillu ssubtilis ATCC 6633）	250	250
庶糖酵母（Candida albicans IFO 1594）	500	500
枝孢菌素酵母（Cladosporium cladosporioides IFO 6348）	500	500

续表 1-3

试验菌株	AG300/10^{-8}	AGZ330/10^{-8}
酵母属酵母（Saccharomy cescerevisisae IFO 1950）	500	500
绿浓菌（Pseudmonas aeruginosa DP-1）	125	250
黑黑霉（Aspergillus niger IFO 6341）	1000	500

表 1-4 AG300 对各种 MRSA 的 MIC 值 （μg/mL）

NCTC10442	125	85/3619（Austria）	62. 5
64/4176（U. K）	125	85/4231（Canada）	125
86/9302（U. K）	125	85/4547（Israel）	125
85/1340（Ugoslavia）	125	85/2232（USA）	125
85/336（Holland）	62. 5	85/2235（USA）	125
85/5495（Saudi Arabia）	62. 5	87/25（Japan）	125
85/9580（South Afica）	125	81/108（Japan）	125
85/1774（Italy）	62. 5	（MSSA）209P	125

1. 1. 3. 3 安全性高

由于无机系抗菌剂多数是将银、铜、锌等保持在多元氧化物或氧化物无机载体上，因此，本质上安全性是高的，表 1-4 列出了日产 AG300 和云南大学研制的 KY-系抗菌材料的安全性试验结果。其结果显示出高的安全性，但有一点必须注意，由于无机系抗菌剂很多是粉末，故进入眼睛时有与砂尘同样地作为异物而产生一次性物理刺激，而吸入呼吸系统也与一般尘埃一样是不安全的，因此在使用时必须保护眼睛和使用防尘面具。

1. 1. 3. 4 抗菌持续时间长

无机系抗菌剂，大部分不溶或难溶于水，而且不挥发，当混入树脂、纤维陶瓷釉等中时，牢固地结合于基体中，从而保证了抗菌效果的持续和耐久。表 1-5 给出了添加 AG300 的尼龙纤维和添加 AGZ330 的聚酯板重复进行 1 次抗菌试验的结果。表

1-6 给出了添加 AG300 的尼龙经多次洗涤的抗菌结果。表 1-7 给出了 KY-系抗菌剂制成的抗菌日用瓷经酸、碱浸泡前后的抗菌结果，这些表所列结果充分证明了无机系抗菌剂具有优越的抗菌持续性和耐久性。

表 1-5　抗菌制品的耐久性试验

次数/次	尼龙纤维/%	聚脂板/%
1	99.99	99.99
2	99.99	99.99
3	99.99	99.99
4	99.99	99.99
5	99.99	99.99
6	99.99	99.99
7	99.99	99.99
8	99.99	99.99
9	99.99	99.99
10	99.99	99.99

表 1-6　抗菌尼龙的耐洗涤试验

洗涤次数/次	0	10	30	50	100
灭菌率/%	99.9	99.9	99.9	99.9	99.9

表 1-7　利用 KY-系抗菌剂制作的抗菌陶瓷制品的耐久性试验

浸泡溶液	处理状况	灭大肠杆菌/%	灭黄色葡萄球菌/%	灭芽孢杆菌/%
10%盐酸	未浸前	99.99	99.99	99.98
	浸泡 21d 后	99.99	99.98	99.97
10%次亚氯	浸泡前	99.99	99.997	99.99
	浸泡 21d 后	99.99	99.995	99.98

1.1.4　抗菌测试方法

抗菌检测一般采用大肠杆菌和金黄色葡萄球菌为试验菌，

根据样品情况采用各种方法测定抗菌性能。

1.1.4.1 MIC 法

该法适用于测定粉末抗菌材料的抗菌性能。将 160 ~180℃ 灭菌 2h 的抗菌粉末以 $0.1g \cdot L^{-1}$ 为中心，按 1/2 和 2 倍的比例配制各种浓度的悬浊液，置于预先消毒的三角锥瓶或 L 形试管中，将适量浓度为 $(1.0 \sim 5.0) \times 10^4 cfu \cdot mL^{-1}$ 的菌液置于其中，于 35 ~37℃振荡培养 24h，观察各容器浑浊度，判定细菌是否增殖，未增殖的最小浓度即为抗菌粉末的 MIC（日本东京银等无机抗菌材料研究会，1995）。

1.1.4.2 MBC 法

该法适用于测定粉末抗菌材料的抗菌性能。将抗菌材料用无菌蒸馏水充分地分散，用蒸馏水以 2 倍的比例稀释，配制不同浓度的若干悬浊液，将 0.5mL 菌液浓度为 $2.0 \times 10^6 cfu \cdot mL^{-1}$ 的菌液接种到 0.5mL 各种浓度试验悬浊液中，于（30 ±1）℃下恒温振荡培养 24h。振荡培养后，将各试验液接种到 NB 培养基上。放入恒温培养箱中，于（37 ±1）℃下培养 24h 后，用肉眼观察，没有细菌增殖现象的最小浓度即抗菌材料的 MBC（日本东京银等无机抗菌材料研究会，1995）。

1.1.4.3 抑菌圈法

该法适用于编织物和粉体抗菌性能的定性评价。将制备的粉体用模具在高压下压制成直径为 2cm 的圆形样品进行抗菌实验。

于无菌培养皿中加入已灭菌的肉膏蛋白胨琼脂培养基，使之覆盖整个培养皿底部，再均匀涂上一定浓度的大肠杆菌菌液，形成菌液膜，将样品放于培养皿中央。于 37℃下培养 48h，观察抗菌材料周围的细菌生长情况，测量抑菌圈的大小。

具体实验步骤如下：

（1）依次准确称取 3g 牛肉膏、10g 蛋白胨、5g NaCl、15～20g 琼脂放入烧杯中。在上述烧杯中先加入少量所需要的水，用玻璃棒搅匀，然后在石棉网上加热使其溶解。将药品完全溶解后，补充水到 1L。在未调节 pH 值前，先用精密 pH 值试纸测量培养基的原始 pH 值，如果偏酸性，用滴管向培养基中逐滴加入 $1\mathrm{mol \cdot L^{-1}}$ NaOH 溶液，边加溶液边搅拌，并随时用 pH 值试纸测其 pH 值，直至 pH 值达到 7.6。反之，用 $1\mathrm{mol \cdot L^{-1}}$ HCl 进行调节。

（2）按实验要求，可将配制的培养基分别装入锥形瓶和试管内。培养基分装完毕后，在锥形瓶口和试管口塞上棉塞，以阻止外界微生物进入培养基内而造成污染，并保证有良好的通气性能。加塞后，将全部锥形瓶和试管用麻绳捆好，再在棉塞外包一层牛皮纸，以防止灭菌时冷凝水润湿棉塞，其外再用一道麻绳扎好。用记号笔注明培养基名称、组别、配制日期。

（3）将上述培养基以 0.103MPa、121℃、20min 高压蒸汽灭菌。将灭菌的试管培养基冷却至 50℃左右，将试管口端搁在试管架上，搁置的斜面长度不超过试管总长的一半为宜。将灭菌培养基放入 37℃的温室中培养 24h，以检查灭菌是否彻底。制得斜面培养基若干，供接种培养细菌备用。

（4）将细菌接种在斜面培养基上，在 37℃下培养 16～24h 后转接一次，在 37℃下培养 16～20h。

（5）将培养皿、试管、镊子、玻璃杯、玻璃棒、移液管等经清洗后放入电热恒温干燥箱烘干杀菌，在 160℃下灭菌 2h。

（6）依次取无菌磷酸盐缓冲液 10mL 放入灭菌的试管中，在斜面培养基上取一环菌放入第一个试管中混匀后取出 1mL 放入第二个试管，此时菌液浓度为 $1 \times 10^{-2}\mathrm{cfu \cdot mL^{-1}}$，如此反复进行，使菌液浓度稀释至 $1 \times 10^{-6}\mathrm{cfu \cdot mL^{-1}}$。

（7）取 1mL 菌液浓度为 $1 \times 10^{-6}\mathrm{cfu \cdot mL^{-1}}$ 菌液滴入到已灭菌的平皿中，取冷却至 50℃左右的营养琼脂 20mL 左右倒入平皿中并与菌液混匀。

（8）待营养琼脂凝固后，取压制成形的抗菌样品放入平板中央（以不破坏琼脂平板为宜），把培养基放入紫外灯下光照1h，培养基和紫外灯的距离大约20cm。

（9）将光照后的培养基放入37℃生化培养箱中倒置培养24h后观察抑菌圈大小，按互成45°的4个直径方向测量透明抑菌圈直径，计算平均值。

1.1.4.4 自然菌落计数法

以各类文献和标准为基础，综合了定量测试的一些方法，经过反复摸索，设计了以下自然菌落计数法：

（1）配置磷酸盐缓冲液（PBS），成分是磷酸氢二钠2.83g，磷酸二氢钾1.36g，蒸馏水1000mL，使用浓度为0.03mol·L^{-1}，依次准确称取3g牛肉膏、10g蛋白胨、5g NaCl、15~20g琼脂溶解，将上述培养基于121℃、20min高压蒸汽灭菌。

（2）将细菌接种在平板培养基上，在37℃下培养16~24h后取单一菌落转接于10mL营养肉汤中，在37℃下培养16~20h。然后用灭菌后的PBS液做倍比稀释，使细菌浓度为10^{-5} cfu·mL^{-1}。

（3）称取一定量的粉体型光催化抗菌材料于上述灭菌后的培养基中，配制成相应的粉末浓度（0mg·L^{-1}、10mg·L^{-1}、20mg·L^{-1}、30mg·L^{-1}、40mg·L^{-1}和50mg·L^{-1}），充分振荡培养基，使粉体与菌液接触均匀，然后倒15~20mL培养基于平皿中。

（4）将培养皿放置在光源下直接照射1h，在37℃下培养24h，采用菌落计数法确定样液中的细菌含量，与空白（不加抗菌材料）对比样的活菌数的比值即为求得的杀菌率。

1.1.4.5 悬浮液抗菌法

为了使菌液与粉体能够充分接触，在抗菌测试的过程中应用磁力搅拌器使菌液与粉体形成悬浮液后边搅拌边光照，具体步骤如下：

（1）称取一定量的二氧化钛粉体溶于配制好的100mL生理盐水中，密封后以0.103MPa、121℃、20min高压蒸汽灭菌。

（2）将培养皿、试管、镊子、玻璃杯、玻璃棒、移液管等经清洗后放入电热恒温干燥箱烘干杀菌，在160℃下灭菌2h。

（3）将细菌接种在平板培养基上，在37℃下培养16～24h后取单一菌落转接于10mL营养肉汤中，在37℃下培养16～20h。

（4）依次取无菌生理盐水9mL放入灭菌的试管中，在培养后的营养肉汤中取出1mL放入第一个试管中，吹吸数次混匀后取出1mL放入第2个试管，此时菌液浓度为1×10^{-2} cfu·mL^{-1}，如此反复进行，使菌液浓度稀释至1×10^{-5} cfu·mL^{-1}。

（5）取1mL菌液浓度为1×10^{-5} cfu·mL^{-1}菌液滴入到含有粉体的生理盐水中，放在磁力搅拌器上使其形成悬浮液后打开日光灯光照1h，取无粉体的生理盐水中接种的菌液浓度为初始对照组。

（6）光照后取1mL菌液于已灭菌的平皿中，取冷却至50℃左右的营养琼脂20mL左右倒入平皿中并与菌液混匀后放入37℃生化培养箱中倒置培养24h。

（7）利用菌落计数法考查杀菌率。

1.1.4.6 振荡法

该法适用于测定织物和不织物等抗菌制品的抗菌性能。计算抗菌制品的比表面积，将抗菌处理的待测样品置于专用的塑料袋中，对应于$10cm^2$的抗菌材料表面积，加入2mL接种菌液，在袋中引入和接种菌液量相当的空气，将袋热封，而后在(37±1)℃下振荡24h，用稀释平板培养法测定存活菌数。

1.1.4.7 薄膜密贴法

该法适用于测定块状样品、织物和不织物的性能。将边长约为50mm的正方形样品用酒精消毒3次，滴上0.5mL接种用菌液接种，在其上贴上4.5mm见方的正方形专用消毒薄膜，在培养箱中于(37±1)℃、相对湿度为90%下培养24h。将培养后薄膜上所附着的细菌用9.5mL SCDLP培养液充分淋洗，采用SA培养基，利用琼脂培养法测定淋洗液中的细菌浓度，评价制品的抗菌性能。

下面对三种常见的抗菌测试方法（抑菌圈法、自然菌落计数法和悬浮液抗菌法）进行比较（见表1-8）。

表1-8　抗菌测试方法对比

检测方法	测试性质	优　点	缺　点	抗菌效果
抑菌圈法	定性	(1)光源与抗菌材料直接接触； (2)抑菌效果直观	抗菌效果低时无抑菌圈	无抑菌圈
自然菌落计数法	定量	(1)操作过程简单； (2)粉体与菌液接触不够充分	(1)培养基温度不易控制； (2)光源与抗菌材料接触不充分； (3)活菌数计数不够直观	30%左右
悬浮液抗菌法	定量	(1)操作过程简单； (2)光催化过程直观； (3)磁力搅拌使粉体与菌液混合均匀； (4)活菌数计数直观		50%左右

1.2　载体白炭黑

白炭黑，其化学名称为水合无定形二氧化硅（Amorphous Hydrated Silica）或沉淀二氧化硅（Precipitated Silica），其分子式为$SiO_2 \cdot nH_2O$，其英文名称为“White Carbon Black”。白炭

黑的外观通常为白色无定形微细粉状物或其造粒品。它无毒无味、不燃烧、耐高温、受热不分解，熔点为1750℃；不溶于水和普通酸而溶于氢氟酸和苛性碱；有很高的电绝缘性、吸水性强、在空气中易受潮。

1.2.1 白炭黑概述

白炭黑最早由德国人在“二战”期间作为炭黑的替代品开发出来的。白炭黑具有很好的补强和增黏作用以及良好的分散、悬浮和振动液化特性，广泛用于橡胶、油脂、涂料、印刷及医药行业。沉淀法白炭黑产品，最早出现的是商品名为“Silene”的硅酸钙产品。1948 年商品名称为“Hisil”的沉淀二氧化硅在美国市场出现，而德国的 Ultrasil VN_3 是 1953 年进入欧洲市场的，到现在 VN_3 还是使用最广泛的一种沉淀二氧化硅。

国外，德、美、日等国白炭黑制备技术发展很快，应用极为广泛并对其性能和应用开展了很多研究工作。世界白炭黑的产量颇大，而且根据使用要求已发展了将近 50 种活性不同的白炭黑品种。国内以沉淀法白炭黑为主，于 1958 年实现沉淀法白炭黑的工业化生产，但产量小，发展较慢。1987 年产量仅有 2687t；1990 年突破万吨达到 1.06 万吨；1994 年增长至 2.81 万吨，比 1987 年增长 9.4 倍；1997 年我国白炭黑产量达到了 8 万吨左右；2004 年上升到近 30 万吨。可见，近十几年来我国白炭黑产量突飞猛进。

国内白炭黑的生产分布比较广泛，一共有十几个省市生产，其中产量较大的是福建、山东、江苏、江西等省。目前国内一共有几十家白炭黑生产企业，总产能在 400kt $\cdot$ a^{-1} 左右。其中规模较大的沉淀法白炭黑生产企业有福建南平嘉联化工有限公司、上海九琛精细化工有限公司、株洲兴隆化工实业有限公司、罗地亚白炭黑（青岛）有限公司、无锡确成硅化学有限公司、滕州辛绪化工有限公司等。气相法白炭黑方面，广州吉必盛科技实业有限公司产能达到 6000t $\cdot$ a^{-1}，是国内最大的气相二氧化硅供应商。由于看好白炭黑市场前景，目前国内一些企业正在建设或计划建设白炭黑项目，有改扩建的，也有新建的。如上海九琛精细化工有限公司、濮阳市光璞石化公司、湖北兴发集团等。到2010年我国白炭黑产能已突破100万吨/年大关。

1.2.2 白炭黑的分类

白炭黑按生产方法大体分为气相法白炭黑和沉淀法白炭黑。气相法白炭黑通常为白色无定形絮状或半透明固体胶状纳米粒子（粒径小于100nm），无毒，有极大的比表面积。气相法白炭黑的产品纯度可达99%以上，粒径可达10~20nm，但制备工艺复杂，因此价格昂贵；沉淀法白炭黑分为传统沉淀法白炭黑和特殊沉淀法白炭黑，传统沉淀法白炭黑通常指以硫酸、盐酸、CO_2与水玻璃为基本原料生产的二氧化硅，特殊沉淀法白炭黑指采用超重力技术、溶胶-凝胶法、化学晶体法、二次结晶法或反相胶束微乳液法等特殊方法生产的二氧化硅。沉淀法白炭黑主要用作天然橡胶和合成橡胶的补强材料、牙膏摩擦材料等。气相白炭黑主要用作硅橡胶的补强材料、涂料和不饱和树脂增稠材料，超细二氧化硅凝胶和气凝胶主要用作涂料消光材料、增稠材料、塑料薄膜开口材料等。

1.2.3 白炭黑的性质

白炭黑相对密度为$2.319 \sim 2.653 g \cdot cm^{-3}$，熔点1750℃。白炭黑微粒直径很小，一次粒子直径大约在10~1000nm范围内。白炭黑表面Si—OH基团具有很强的活性，易于与周围离子键合。白炭黑表面分布着一层均匀的硅氧烷和硅烷醇基。这些基团具有很强的吸水性。硅烷醇基化学活性高，从而使白炭黑表面较容易被改性。其原始颗粒粒径小于3μm，故比表面积大，具有很好的补强和增黏作用以及良好的分散、悬浮和振动液化特性。红外光谱研究证实，白炭黑粒子表面有3种类型的羟基：

隔离羟基、相邻羟基和硅氧基。

白炭黑分子结构中的—Si—O 键活性与其所处的位置有关，处于结构中心的—Si—O 键极性较强，结合能力较大；而处于微粒表面的—Si—O 键的活性较大，能与其他分子发生键合作用。白炭黑表面的 Si—OH 基团具有很强的活性，容易与周围离子键合而起补强作用。白炭黑表面有一层均匀的硅氧烷和硅烷醇基团，这些基团具有强烈的亲水性。

1.2.4 白炭黑的生产方法

制备白炭黑的传统方法是利用硅酸钠、四氯化硅、正硅酸乙酯做硅源，除硅酸钠以外，其他成本都很高。新方法采用廉价的非金属矿或农作物残留物作为硅源，大大降低了白炭黑的生产成本。

1.2.4.1 传统方法

白炭黑的传统生产方法主要分为干法和湿法两种。其中，干法热解包括气相法和电弧法。沉淀法白炭黑出现在 20 世纪 50 年代，发展至今生产方法已有以下几种：（1）硫酸沉淀法；（2）盐酸沉淀法；（3）硝酸沉淀法；（4）CO_2 沉淀法；（5）水热法；（6）气凝胶法；（7）临界脱水法；（8）其他方法（有恒沸蒸馏法、冷冻干燥法、乳化法、喷雾干燥法）。用以上方法均可制得超细白炭黑，用作塑料开口材料、油墨防沉材料、油漆平光材料、晶体抛光材料和大理石补气材料等。国内大部分生产企业采用沉淀法。

1.2.4.2 新方法

新方法主要以非金属矿及其延伸物或农作物残留物为硅源，采用沉淀法制备白炭黑。其技术关键是将结晶的二氧化硅和硅酸盐转变成非晶态二氧化硅。原料主要有硅灰石、蛋白石、埃洛石、橄榄石、蛇纹石、高岭土、硬质高岭土、煤矸石、粉煤灰、稻壳等。

1.3 稀土元素简介

稀土元素（Rare Earth Element）是从18世纪末叶开始陆续发现，当时人们常把不溶于水的固体氧化物称为土。稀土一般是以氧化物状态分离出来的，又很稀少，因而得名为稀土（Rare Earth，简称RE或R）。但是现已查明稀土元素并不稀少，特别是我国的稀土资源十分丰富，有开采价值的储量居世界第一位。

1.3.1 稀土元素的种类

稀土元素包括化学周期表中ⅢB族中的Sc（钪）、Y（钇）和La（镧系）——镧（La）、铈（Ce）、镨（Pr）、钕（Nd）、钋（Pm）、钐（Sm）、铕（Eu）、钆（Gd）、铽（Tb）、镝（Dy）、钬（Ho）、铒（Er）、铥（Tm）、镱（Yb）、镥（Lu），共17种元素。稀土元素分为轻稀土元素和重稀土元素，其中轻稀土元素具有较低的原子序数和较小的质量，重稀土元素具有较高的原子序数和较大的质量。轻稀土元素（light rare earth element，LREE）也称为铈组稀土，包括镧、铈、镨、钕、钷、钐、铕7种元素；重稀土元素（heavy rare earth element，HREE）也称为钇组稀土，包括钆、铽、镝、钬、铒、铥、镱、镥、钇。但分界线并不很严格，有时把钆（Gd）也划在轻稀土中，有时把位于中间的钐（Sm）、铕（Eu）、钆（Gd）称为中稀土。

1.3.2 稀土元素的基本特征

从元素周期表中看出，17个稀土元素位于ⅢB族，其中稀土元素钪（Sc）、钇（Y），镧（La）分别是第四、五、六长周期中过渡元素系列的第1个元素，第六周期La后的14个元素性质与La十分相似，位于周期表同一格内，这15个元素可称为

"同位素"，但它们又与真正的同位素不同。真正的同位素如^{286}U与^{288}U，它们的原子序数相同，只是质量数不同。而15个La系元素的原子序数是不同的。从这个意义上讲，它们又不是同位素，可称之为"半同位素"。由于这种特殊地位，所以镧系元素的性质十分相近，但又不完全相同，这就造成15个镧系元素彼此间分离十分困难。另外，由于它们的性质相近，但又不完全相同，所以它们的许多性质，如离子半径、电子能级等有近乎连续的变化，好比衣服的尺码十分齐全，可为人们在应用中从中选取合适的元素。稀土元素属于硬酸，因而它们更倾向于与被称之为硬件的原子形成化学键。所谓硬酸具有正电荷高、极化性低、体积小、难氧化、不易变形等特点。

1.3.3 稀土元素的应用

稀土元素都是很活泼的金属（其中钷是人造放射性元素），性质极为相似，常见化合价为+3价，其水和离子大多有颜色，易形成稳定的配化合物。稀土元素在工农业生产和科研中都有广泛的用途，少量稀土的加入即可大大改善材料性能，已广泛应用于电子、石油化工、冶金、机械、能源、轻工、环境保护、农业等领域。

1.4 含稀土抗菌材料的发展现状

由于稀土元素特殊的4f电子结构，使之具有许多优异的光、电、磁、核等特性。近年来，将稀土元素添加到无机金属型抗菌材料中的研究逐渐为研究者们所重视。研究表明，抗菌材料中添加稀土元素可增加其抗菌性能，改善材料的分散性、均匀性和粒径大小等性能，并且，由于大大减少了抗菌离子的用量，使材料成本大为降低。因此，在未来抗菌材料的发展中含稀土金属离子型无机抗菌材料必将发挥其特有的优势。

1.4.1 国内外研究发展现状

目前，国内外将稀土用于金属离子型无机抗菌材料的研究主要集中在制备以及由此而产生的性能改进。国外，如英国研究者将稀土元素铈与银离子结合用于烧伤患者的治疗，可提高患者的存活几率。国内这方面的研究较多。如：林英光等人制备了纳米掺铈羟基磷灰石抗菌材料，并对其抗菌性能进行了研究；梁金生等人研制了 PPBP（含稀土抗菌陶瓷），并用 SEM、IR 等手段对其性能进行研究；郭广生等人采用激光蒸凝法制备了 ZnO-CeO_2 纳米粒子；谭绍早、张葵花等人研制了银-铈/沸石型复合抗菌剂；刘奎仁、姜莉等人制备了稀土掺杂 TiO_2 光催化抗菌材料并讨论了稀土元素在抗菌材料中提高抗菌性能的机理；鲍长利等人则将稀土氧化物掺杂到 TiO_2/沸石中，并研究其光催化性能；金宗哲等人研究了含稀土 TiO_2 抗菌材料中稀土的协同催化作用以及材料的性能。

1.4.2 今后的发展趋势

目前，关于含稀土无机抗菌材料的研究，大都为含稀土金属离子型无机抗菌材料的制备及性能研究，多数是研制出一种新型无机抗菌剂并提出制备的最佳反应条件，其中也涉及到稀土元素在材料中的抗菌机理（由于杀菌是一个动态的过程，虽然关于杀菌机理的研究很多，但还没有一个公认、科学、准确的结论）。如，有研究者指出：当在制备无机抗菌材料过程中添加稀土元素，稀土元素将在抗菌材料的促进下产生大量的 ·OH，而 ·OH 能够有效地杀死制品表面的细菌；也有研究者指出：在 TiO_2 中掺杂少量稀土元素可造成 TiO_2 晶格的严重畸变，这种畸变可显著提高 TiO_2 对可见光的响应能力，使 TiO_2 成为光生电子——空穴的浅势捕获陷阱，延长电子与空穴的复合时间，从而提高 TiO_2 的光催化活性，进而提高了光催化抗菌材料的抗菌效果；稀土 Ce^{4+} 掺杂纳米氧化锌的抗菌机理有研究者认为是 ZnO 表面的 Ce^{4+} 和固溶进 ZnO 晶格中的 Ce 提高了 ZnO 的光催化能力，使其具有更强的杀菌抑菌能力；同时附着在 ZnO 表面的 Ce^{4+} 也具有较强的杀菌抑菌能力。但以上工作均以理论推导为基础，缺少真实的实验现象和数据作为支持，因此只能算是假设，并未从根本上解决稀土元素提高抗菌性能机理这一基础问题。因此，今后，对含稀土无机抗菌材料增强抗菌机理的研究将是这一领域发展的趋势。

2 稀土-银系抗菌白炭黑的制备及检测

2.1 原料

2.1.1 水玻璃

水玻璃是由碱金属氧化物和二氧化硅结合而成的可溶性碱金属硅酸盐材料，又称泡花碱。水玻璃可根据碱金属的种类分为钠水玻璃和钾水玻璃，其分子式分别为 $Na_2O \cdot nSiO_2$ 和 $K_2O \cdot nSiO_2$。式中的系数 n 称为水玻璃模数，是水玻璃中的氧化硅和碱金属氧化物的分子比（或摩尔比）。水玻璃模数是水玻璃的重要参数，一般在 1.5～3.5 之间。水玻璃模数越大，固体水玻璃越难溶于水，n 为 1 时常温水即能溶解，n 加大时需热水才能溶解，n 大于 3 时需 4 个大气压以上的蒸汽才能溶解。水玻璃模数越大，氧化硅含量越多，水玻璃黏度增大，易于分解硬化，黏结力增大。

水玻璃模数的测定：

模数是指液体水玻璃（$Na_2O \cdot nSiO_2$）中二氧化硅摩尔数与氧化钠摩尔数比值。常用质量分数表示。

计算公式如下：

$$n = \frac{n_{SiO_2}}{n_{Na_2O}} = \frac{W_{SiO_2}}{W_{Na_2O}} \times 1.032$$

式中　n_{SiO_2}，n_{Na_2O}——分别为 SiO_2、Na_2O 的摩尔数；

W_{SiO_2}，W_{Na_2O}——分别为 SiO_2、Na_2O 的质量分数；

1.032——氧化钠与二氧化硅摩尔质量的比值。

可见，由已测得的 W_{SiO_2}、W_{Na_2O} 和 n 可由上式求得水玻璃的模数。

其中氧化钠的质量分数：

$$W_{Na_2O}=\frac{cV(0.06198/2)}{m(50/250)}\times 100\%$$

式中 c——盐酸标准溶液的摩尔浓度，$mol\cdot L^{-1}$；

V——滴定时消耗的盐酸标准溶液的体积，mL；

m——试样的质量，g；

0.06198——每毫摩尔氧化钠的克数，g。

二氧化硅的质量分数：

$$W_{SiO_2}=\frac{[(N_1V_1-N_2V_2)-(N_1V_3-N_2V_4)]0.06008/4}{m(50/250)}\times 100\%$$

式中 N_1——盐酸标准溶液的摩尔浓度，$mol\cdot L^{-1}$；

N_2——氢氧化钠标准溶液的摩尔浓度，$mol\cdot L^{-1}$；

V_1——加入氟化钠后滴定时消耗盐酸标准溶液的体积，mL；

V_2——回滴时消耗的氢氧化钠标准溶液的体积，mL；

V_3——空白试验加入氟化钠后滴定时消耗盐酸标准溶液的体积，mL；

V_4——空白试验回滴时消耗氢氧化钠标准溶液的体积，mL；

m——试样质量，g；

0.06008——每毫摩尔二氧化硅的克数，g。

通过以上式子就可以计算出水玻璃的模数。

2.1.2 小苏打

碳酸氢钠（Sodium Bicarbonate），俗称“小苏打”、“苏打粉”、“重曹”，白色细小晶体，在水中的溶解度小于碳酸钠。密度为2.15g·cm^{-3}。无臭、味咸，可溶于水。固体50℃以上开始逐渐分解生成碳酸钠、二氧化碳和水，270℃时完全分解。溶解度：7.8g(18℃)，16.0g(60℃)。微溶于乙醇。其水溶液因水解而呈微碱性，受热易分解，在65℃以上迅速分解，在270℃时完全失去二氧化碳，在干燥空气中无变化，在潮湿空气中缓慢分解。碳酸氢钠是强碱与弱酸中和后生成的酸式盐，溶于水时呈现弱碱性。常利用此特性作为食品制作过程中的膨松剂。碳酸氢钠在作用后会残留碳酸钠，使用过多会使成品有碱味。

实验所用原料小苏打购自天津市风船化学试剂科技有限公司（原天津市化学试剂三厂），其产品质量符合 GB/T 640—1997、XK 13-201-00115，pH 值（50g/L，25℃）小于等于8.6，澄清度实验合格，批号：090603。成分及含量见表2-1。

表2-1　小苏打成分及含量

成　分	$NaHCO_3$	氯化物（Cl）	总氮量（N）	钾（K）	铁（Fe）
含量（质量分数）/%	≥99.5	≤0.002	≤0.001	≤0.01	≤0.001

成　分	磷酸盐和硅酸盐（以 SiO_2 计）	水中不溶物	硫酸盐（SO_4）	镁（Mg）	钙（Ca）	重金属（以 Pb 计）
含量（质量分数）/%	≤0.005	≤0.01	≤0.005	≤0.003	≤0.007	≤0.001

2.1.3　稀土硝酸化合物

实验所用稀土硝酸化合物购自长沙升阳化工材料有限公司。具体参数见表2-2。

表2-2　稀土硝酸化合物

名称	分子式	相对分子质量	含量（质量分数）/%	外观与性状
硝酸镧	$La(NO_3)_3 \cdot 6H_2O$	433.01	99.9	白色粒状晶体，三斜晶体，易潮解
硝酸铈	$Ce(NO_3)_3 \cdot 6H_2O$	434.23	99.9	无色三斜晶体，易潮解
硝酸镨	$Pr(NO_3)_3 \cdot 6H_2O$	435.01	99.9	绿色颗粒状结晶，结晶为三斜晶体，易溶于水
硝酸钕	$Nd(NO_3)_3 \cdot 6H_2O$	438.35	99.9	粉红色颗粒结晶物

续表 2-2

名 称	分 子 式	相对分子质量	含量(质量分数)/%	外观与性状
硝酸钐	$Sm(NO_3)_3 \cdot 6H_2O$	444.51	99.9	淡黄色粒状晶体,易潮解
硝酸铕	$Eu(NO_3)_3.6H_2O$	446.07	99.9	灰色粒状结晶,易潮解
硝酸钆	$Gd(N_3O_9) \cdot 6H_2O$	451.36	99.9	无色粒状晶体,易潮解
硝酸铽	$Tb(NO_3)_3.6H_2O$	453.03	99.9	无色粒状结晶,易潮解
硝酸镝	$Dy(NO_3)_3 \cdot 6H_2O$	456.61	99.9	浅绿色粒状结晶,易潮解
硝酸钬	$Ho(NO_3)_3 \cdot 6H_2O$	459.04	99.9	黄色粉末,易潮解
硝酸铒	$Er(NO_3)_3 \cdot 6H_2O$	461.37	99.9	粉红色粒状结晶,易潮解
硝酸铥	$Tm(NO_3)_3.6H_2O$	463.04	99.9	无色晶体,易潮解
硝酸镱	$Yb(N_3O_9) \cdot 6H_2O$	467.15	99.9	无色粒状晶体,易潮解
硝酸镥	$Lu(NO_3)_3.6H_2O$	469.07	99.9	无色晶体,易潮解
硝酸钪	$Sc(NO_3)_3 \cdot 6H_2O$	339.06	99.9	白色粒状晶体,易潮解
硝酸钇	$Y(NO_3)_3 \cdot 6H_2O$	383.01	99.9	无色(白色)粉状(粒状)晶体,易溶于水

2.1.4 其他主要药品

实验还用到的主要药品见表 2-3。

表 2-3 其他主要药品

药品名称	分子式	规 格	纯度级别	生产厂家
硝酸银	$AgNO_3$	100g/瓶	分析纯	中国医药（集团）上海化学试剂公司
硝 酸	HNO_3	500mL/瓶	分析纯	中国成都金山化工试剂厂
氢氧化钠	NaOH	500g/瓶	分析纯	天津市风船化学试剂科技有限公司
氯化钠	NaCl	500g/瓶	分析纯	天津市风船化学试剂科技有限公司

续表 2-3

药品名称	分子式	规　格	纯度级别	生产厂家
牛肉膏		500g/瓶	生化试剂	北京奥博星生物技术有限责任公司
蛋白胨		250g/瓶	生化试剂	北京奥博星生物技术有限责任公司
琼　脂		500g/袋	生化试剂	石狮市环球琼胶工业有限公司

2.2　仪器及设备

2.2.1　玻璃仪器

实验用到的主要玻璃仪器有：试管、锥形瓶、烧杯、布氏漏斗、容量瓶、聚四氟乙烯搅拌棒等。

2.2.2　设备

实验用到的主要设备见表2-4。

表 2-4　主要设备

设备名称	型　号	技　术　参　数	生产厂家
数显恒温水浴锅	HH-2	额定功率：600W，容积：300mm × 160mm × 120mm；工作温度范围：RT ~ 99.9℃；温度误差：精度 ±0.5℃	金坛市杰瑞尔电器有限公司
精密增力电动搅拌器（数显）	JJ-1	额定功率：90W；调速范围：启动 ~ 2800r · min^{-1}；定时范围：0 ~ 120min；电流：交流 220V，50Hz	金坛市杰瑞尔电器有限公司
电子天平	FA2004	最大称量 200g；感量 0.0001g	上海舜宇恒平科学仪器有限公司
电子天平	MP2002	最大称量 200g；感量 0.01g	上海舜宇恒平科学仪器有限公司

续表 2-4

设备名称	型号	技术参数	生产厂家
精密鼓风干燥箱	BPG-9040A	工作温度范围：RT + 10~200℃；温度分辨率：0.1℃	上海舜宇恒平科学仪器有限公司
隔水式恒温培养箱	GHP-9080	工作温度范围：RT + 5~65℃；温度波动度：0.5℃	上海舜宇恒平科学仪器有限公司
调速多用振荡器	HY-4	振荡频率：60~300 次/min，振荡幅度：20mm；负荷：20kg；外形尺寸：44cm×31cm×24cm	上海君竺仪器制造有限公司
循环水式多用真空泵	SHⅢB-	真空度：0.098MPa；单头抽气量：$10L\cdot min^{-1}$；电动机功率：180W；水箱容积：15L	郑州长城科工贸有限公司
不锈钢断水自控电热蒸馏水器	YN-ZD-Z-5	功率：4.5kW；蒸馏水产量：$5L\cdot h^{-1}$；电源电压：220V	上海博讯实业有限公司
手提式压力蒸汽灭菌器	YXQ-SG41-280A	额定工作压力：0.14MPa；灭菌温度：125℃；容积：18L	上海生银医疗仪器仪表有限公司

2.3 制备方法及流程

2.3.1 制备方法

稀土-银系抗菌白炭黑的制备：将预热好的一部分水玻璃和小苏打注入恒温（90℃）反应器中，在 $300\sim500r\cdot min^{-1}$ 转速下进行第 1 步反应。待第 1 步反应结束后，调低转速至 $100\sim200r\cdot min^{-1}$，加入剩余的水玻璃，稍后加入剩余的小苏打进行第 2 步反应。调 pH 值至 1~3，反应 0.5h。向其中加入适量稀土固定剂和硝酸稀土化合物，待反应稳定后加入硝酸银，继续反应 1~2h。反应结束后趁热抽滤，称量滤液体积并保存以备离子检测用。滤饼用分散剂处理后送烘箱，在 120℃下进行干燥，将烘干的样品研碎，过 200 目筛子，所得即为稀土-银系抗菌白炭黑。

2.3.2 工艺流程

稀土-银系抗菌白炭黑制备工艺流程如图 2-1 所示。

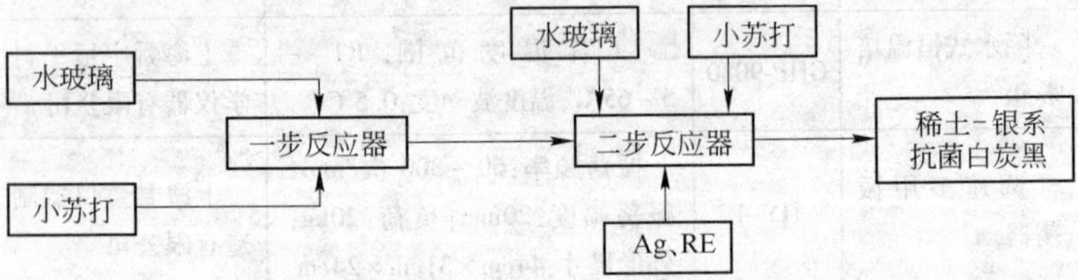

图 2-1 稀土-银系抗菌白炭黑制备流程

2.4 抗菌实验及性能检测

2.4.1 抗菌实验

2.4.1.1 实验材料

抗菌实验所需材料如下：

（1）菌种：大肠杆菌。

（2）抑菌材料：稀土-银系抗菌白炭黑，此次实验材料浓度为 $0.02g \cdot mL^{-1}$。

（3）培养基：LB 培养基（g/L）pH 值为 7.2。

蛋白胨 10.0，酵母提取物 5，NaCl 10，琼脂 12，（pH 值为 7.0～7.2，121℃，20min 灭菌）。

2.4.1.2 实验方法

抗菌实验按以下方法进行：

（1）菌种活化。将预保藏的菌液接种至有 5mL LB 培养液的试管中，于 $140r \cdot min^{-1}$ 37℃摇床作用 18h。

（2）菌悬液制备。将活化菌种 2～3mL 转入 200mL LB 液体培养基中，于 $140r \cdot min^{-1}$ 37℃摇床作用约 3～4h，调整菌悬液

浓度为 $10^5 \sim 10^7$ cfu · mL^{-1} 备用。

（3）将 20mL 菌悬液移至 50mL 锥形瓶中，分别加入稀土-银系抗菌白炭黑，以不加入材料为空白对照。于 140r · min^{-1} 37℃摇床作用 4h。

（4）平板计数。对作用菌液，以 10 倍稀释法进行稀释至适合浓度。取适合浓度 100μL 进行涂板，37℃恒温培养 18h，计菌落数。

2.4.2 SEM 表征

扫描电镜是一种新型的电子光学仪器。它具有制样简单、放大倍数可调范围宽、图像的分辨率高、景深大等特点。

扫描电镜的制造是依据电子与物质的相互作用。当一束高能的入射电子轰击物质表面时，被激发的区域将产生二次电子、俄歇电子、特征 X 射线和连续谱 X 射线、背散射电子、透射电子，以及在可见、紫外、红外光区域产生的电磁辐射。同时，也可产生电子-空穴对、晶格振动（声子）、电子振荡（等离子体）。原则上讲，利用电子和物质的相互作用，可以获取被测样品本身的各种物理、化学性质的信息，如形貌、组成、晶体结构、电子结构和内部电场或磁场等。扫描电子显微镜正是根据上述不同信息产生的机理，采用不同的信息检测器，使选择检测得以实现。如对二次电子、背散射电子的采集，可得到有关物质微观形貌的信息；对 X 射线的采集，可得到物质化学成分的信息。

为研究稀土-银系抗菌白炭黑的形貌、组成等特征，实验采用荷兰飞利浦公司的 XL30 ESEM-TMP 扫描电镜对稀土-银系抗菌白炭黑样品进行表征。

2.4.3 EDS 表征

电子能谱仪（Electron Energy Disperse Spectroscopy）可对固体表面进行微区成分分析及元素分布的鉴定。可应用于半导体材料、冶金、地质等部门。X 光光电子能谱仪对固体进行化学结构测定、元素分析、价态分析。可应用于催化、高分子、腐蚀冶金、半导体材料等部门。

为研究稀土-银系抗菌白炭黑中银与稀土元素的分布，实验采用美国 EDAX 公司的“phoenix + OIM”一体化能谱仪及电子背散射衍射仪对稀土-银系抗菌白炭黑样品进行表征。

2.4.4 FTIR 表征

目前，所有的红外光谱仪都是傅里叶变换型的，光谱仪主要由光源（硅碳棒、高压汞灯）、迈克尔逊干涉仪、检测器和干涉仪组成。而傅里叶变换红外光谱仪的核心部分是迈克尔逊干涉仪。把样品放在检测器前，由于样品对某些频率的红外光产生吸收，使检测器接受到的干涉光强度发生变化，从而得到各种不同样品的干涉图。这种干涉图是光强随动镜移动距离的变化曲线，借助傅里叶变换函数可得到光强随频率变化的频域图。这一过程可由计算机完成。

为研究银与稀土元素的加入对载体白炭黑结构是否产生影响，实验采用德国 BRUKER 光谱仪器公司的 TENSOR 37 型红外光谱仪对稀土-银系抗菌白炭黑样品进行表征。

2.4.5 堆密度

堆密度（Bulkdensity）ρ_b 是指粉体质量除以该粉体所占容器的体积 V 求得的密度，也称松密度，即 $\rho_b = W/V$。填充粉体时，经一定规律振动或轻敲后测得的密度称振实密度（Tapdensity）$\rho_b t$。

将粉体装填于测量容器时不施加任何外力所测得密度为最松堆密度，施加外力而使粉体处于最紧充填状态下所测得密度叫最紧堆密度。振实密度随振荡（Tapping）次数而发生变化，最终振荡体积不变时测得的振实密度即为最紧堆密度。

实验采用测定最紧堆密度的检测方法，研究反应温度和反应时间对稀土-银系抗菌白炭黑产品质量的影响。

3 轻稀土-银系抗菌白炭黑和 Sc-Ag 抗菌白炭黑

3.1 La-Ag 抗菌白炭黑

镧（Lanthanum）是 138 号元素，位于第六周期ⅢB 族，符号为 La，原子序数 57，相对原子质量 139，密度 6.7g · cm^{-3}，熔点 920.0℃，沸点 3469.0℃，常见氧化态为 La^{3+}，最外围电子排布 $5d^1 6s^2$，晶胞为六方晶胞，半衰期为 1.1×10^{11} 年，曾被试用来治疗癌症。

镧元素名来源于希腊文，原意是“隐蔽”，1839 年瑞典化学家莫桑德尔从粗硝酸铈中发现镧，并确认是一种新元素。镧在地壳中的含量为 0.00183%，是稀土元素中含量最丰富的一种。镧有两种天然同位素：^{139}La 和放射性 ^{138}La。

镧是一种银白色的软金属，有延展性，化学性质活泼，在干燥空气中迅速变暗失去金属光泽，在冷水中缓慢腐蚀，热水中加快，在空气中易氧化，加热能燃烧，生成氧化物和氮化物。镧可直接与碳、氮、硼、硒、硅、磷、硫、卤素等反应；镧的化合物呈反磁性。镧的制备一般由水合氯化镧经脱水后，用金属钙还原，或由无水氯化镧经熔融后电解而制得。高纯氧化镧可用于制造精密透镜，镧镍合金可做储氢材料，六硼化镧广泛用作大功率电子发射阴极。

3.1.1 La-Ag 抗菌白炭黑的制备

将预热好的一部分水玻璃和小苏打注入恒温（90℃）反应器中，在 300 ~ 500r · min^{-1} 转速下进行第 1 步反应。待第 1 步反应结束后，调低转速至 100 ~ 200r · min^{-1}，加入剩余的水玻璃，稍后加入剩余的小苏打进行第 2 步反应。调 pH 值至 1 ~ 3，反应

0.5h。向其中加入适量稀土固定剂和硝酸镧，待反应稳定后加入硝酸银，继续反应1~2h。反应结束后趁热抽滤，称量滤液体积并保存以备离子检测用。滤饼用分散剂处理后送烘箱，在120℃下进行干燥，将烘干的样品研碎，过200目筛子，所得即为La-Ag抗菌白炭黑。

3.1.2 反应条件与La-Ag抗菌白炭黑性能的关系

影响La-Ag抗菌白炭黑性能的因素很多，例如：反应温度、反应时间、稀土金属离子镧的浓度、反应液的pH值、搅拌器的转速等。下面仅从镧离子的浓度、反应温度、反应时间三方面进行介绍。

3.1.2.1 硝酸镧浓度对La-Ag抗菌白炭黑杀菌率的影响

在各种影响因素中镧离子的浓度是影响La-Ag抗菌白炭黑杀菌率的最主要的因素。为探讨镧离子浓度与材料杀菌率的关系，分别用0.0001mol·L^{-1}、0.0005mol·L^{-1}、0.001mol·L^{-1}、0.005mol·L^{-1}和0.01mol·L^{-1}浓度的硝酸镧进行实验（反应温度90℃，反应时间1h）。结果如图3-1所示。

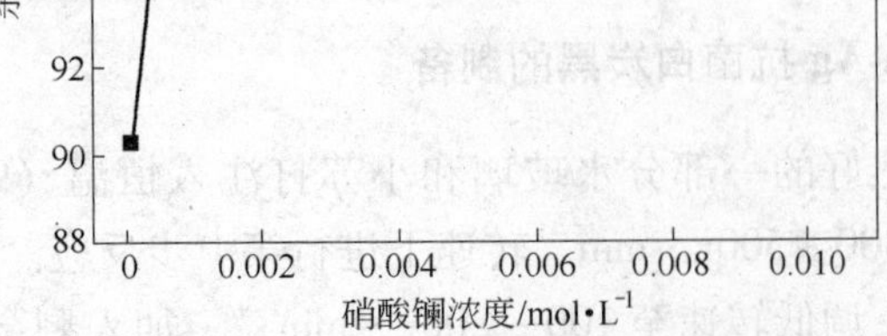

图3-1 硝酸镧浓度与La-Ag抗菌白炭黑杀菌率的关系

由图 3-1 可知，随着硝酸镧浓度的增大（由 $0.0001mol \cdot L^{-1}$ 增加到 $0.01mol \cdot L^{-1}$），La-Ag 抗菌白炭黑的杀菌率逐渐增大。当硝酸镧浓度达到 $0.005mol \cdot L^{-1}$ 时，再增大硝酸镧的浓度，杀菌率变化已不再明显。因此，制备 La-Ag 抗菌白炭黑时，硝酸镧的最佳浓度为 $0.005mol \cdot L^{-1}$。

3.1.2.2 反应温度对 La-Ag 抗菌白炭黑堆密度的影响

为探讨反应温度与材料堆密度的关系，分别在 75℃、80℃、85℃、90℃和 95℃下进行实验（反应时间 1h，镧离子浓度 $0.005mol \cdot L^{-1}$）。其结果如图 3-2 所示。

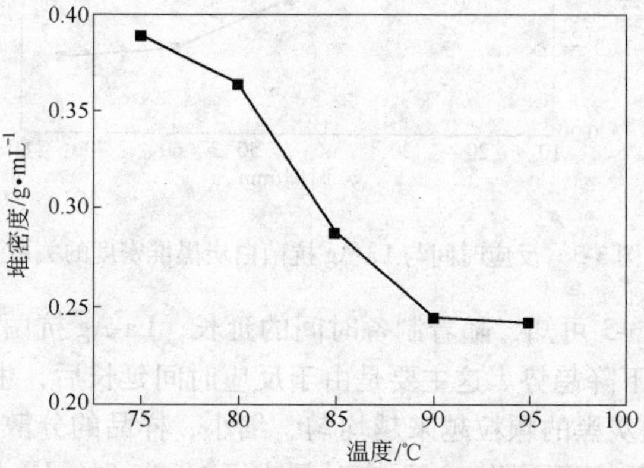

图 3-2 反应温度与 La-Ag 抗菌白炭黑堆密度的关系

由图 3-2 可知，随着制备温度的升高，La-Ag 抗菌白炭黑的堆密度呈下降趋势。这主要是由于温度升高后，生成的 La-Ag 抗菌白炭黑的颗粒越来越细，样品的分散性越来越好，致使堆密度下降。当反应温度小于 90℃时，La-Ag 抗菌白炭黑的堆密度受反应温度的影响比较显著；当反应温度达到 90℃时，堆密度的变化变得较平缓，所以制备 La-Ag 抗菌白炭黑的最佳温度是 90℃。

3.1.2.3　反应时间对 La-Ag 抗菌白炭黑堆密度的影响

反应时间是影响材料堆密度的主要因素之一。实验分别在15min、30min、45min、60min 和75min 下进行（反应温度90℃，镧离子浓度 0.005mol · L^{-1}）。其结果如图 3-3 所示。

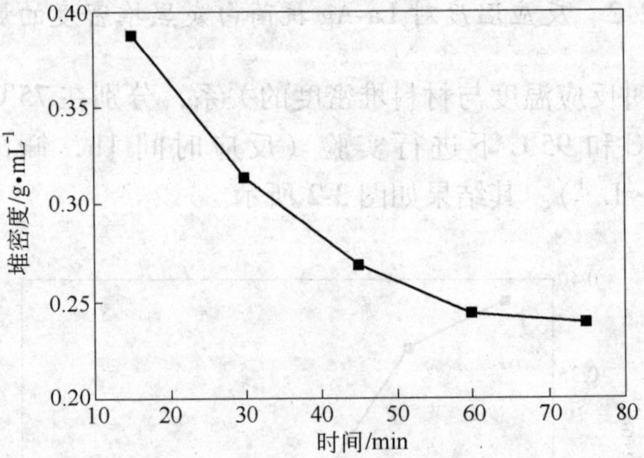

图 3-3　反应时间与 La-Ag 抗菌白炭黑堆密度的关系

由图 3-3 可知，随着制备时间的延长，La-Ag 抗菌白炭黑的堆密度呈下降趋势。这主要是由于反应时间延长后，生成的 La-Ag 抗菌白炭黑的颗粒越来越均匀、细小，样品的分散性越来越好，致使堆密度下降。当反应时间小于 60min 时，La-Ag 抗菌白炭黑的堆密度受反应温度的影响比较显著；当反应时间达到 60min 时，堆密度的变化变得较平缓，所以制备 La-Ag 抗菌白炭黑的最佳时间是 60min。

3.1.3　SEM 和 EDS 分析

实验通过扫描电镜（SEM）和能谱（EDS）对 La-Ag 抗菌白炭黑的组成、形态、结构等性能进行表征。检测结果如图 3-4 和图 3-5 所示。图 3-4*a* 为白炭黑的 SEM 照片，图 3-4*b* 为 La-Ag 抗菌白炭黑的 SEM 照片。由图 3-4 可知，白炭黑和 La-Ag 抗菌

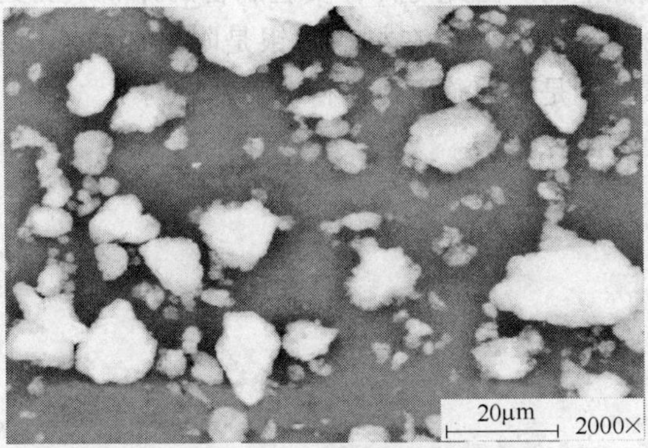

a

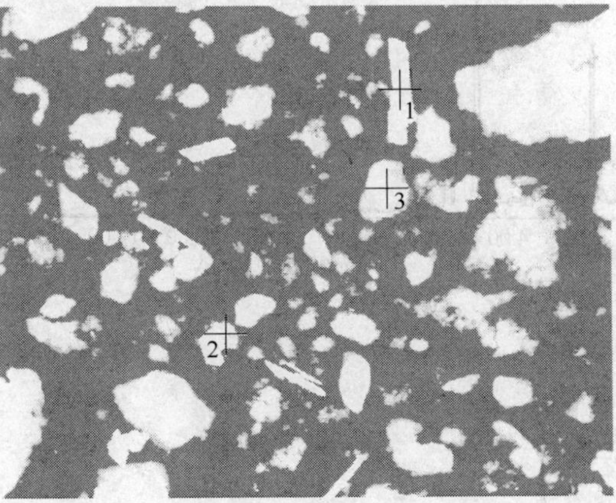

b

图 3-4　SEM 照片

a—白炭黑；*b*—La-Ag 抗菌白炭黑

白炭黑均为无定型结构，颗粒大小较均匀，结构松散，两者粒径大小相当。图 3-5 为图 3-4*b* 的 EDS 图片，其中图 3-5*a* 对应图 3-4*b* 中点 1，图 3-5*b* 对应图 3-4*b* 中点 2，图 3-5*c* 对应图3-4*b*中点 3。从图 3-5 可知，图 3-4 中点 1 为稀土元素镧，点 2 为金属银，点 3 为载体白炭黑。图 3-5*a* 显示，稀土元素镧在材料中单独存在，并未与金属银存在共生现象，而由图 3-5*b* 可知，材料中的银是附着在载体白炭黑上的。由此可知，实验制备的样品中确实含有稀土元素镧和金属银。并且，在材料中银是附着在载体白炭黑上的，而稀土元素镧则是单独游离在材料中。

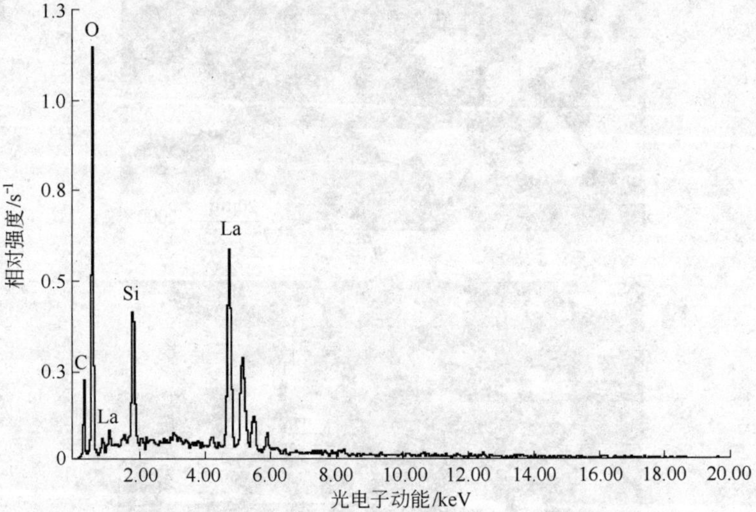

a

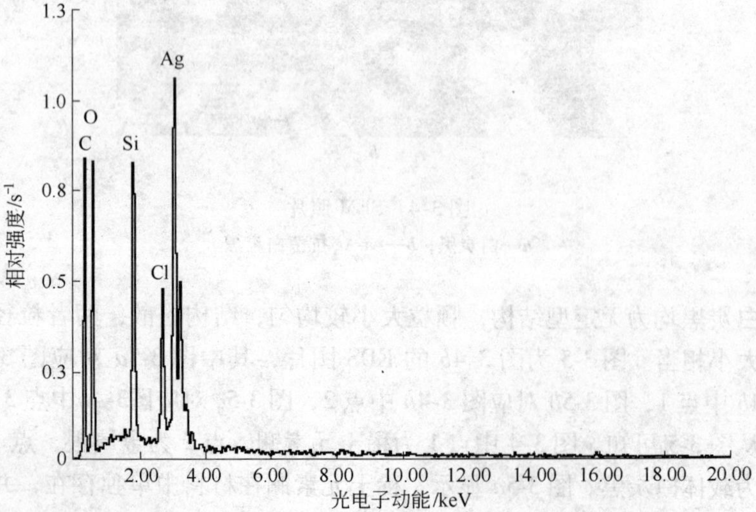

b

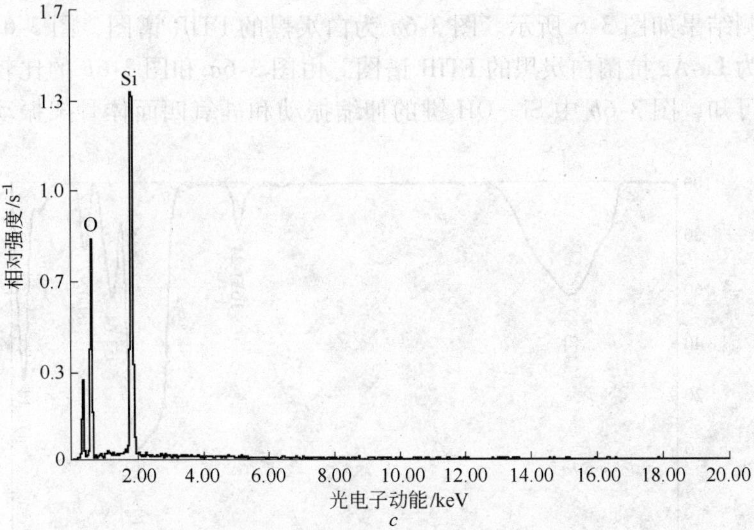

图 3-5 La-Ag 抗菌白炭黑 EDS 图

a—对应图 3-4*b* 中点 1；*b*—对应图 3-4*b* 中点 2；*c*—对应图 3-4*b* 中点 3

3.1.4 FTIR 分析

白炭黑中，硅氧基主要存在于脱除水分的白炭黑表面层上，除此之外，白炭黑微粒的表面层上还有—OH 基团存在，—OH 基团大致有 3 种类型：隔离羟基、相邻羟基、硅氧羟基。白炭黑的红外吸收光谱主要表现为 Si—O 键的伸缩振动和弯曲振动、Si—OH 键的伸缩振动和弯曲振动。以上各振动的红外吸收范围为：硅氧四面体骨架振动 1640 ~ 1620cm^{-1}；Si—O 键的伸缩振动 1110 ~ 1000cm^{-1}，Si—O 键的弯曲振动 900 ~ 600cm^{-1}；Si—O—Si键的伸缩振动 1090 ~ 1030cm^{-1}，Si—O—Si 键的弯曲振动小于 650cm^{-1}；Si—OH 键的伸缩振动 3700 ~ 3200cm^{-1}，Si—OH键的弯曲振动约为 1030cm^{-1}。

实验通过傅里叶红外光谱（FTIR）对白炭黑载入抗菌离子

银和稀土元素镧后，各基团振动频率的变化情况进行表征。检测结果如图 3-6 所示。图 3-6*a* 为白炭黑的 FTIR 谱图，图 3-6*b* 为 La-Ag 抗菌白炭黑的 FTIR 谱图。由图 3-6*a* 和图 3-6*b* 的比较可知，图 3-6*b* 中 Si—OH 键的伸缩振动和硅氧四面体骨架振动

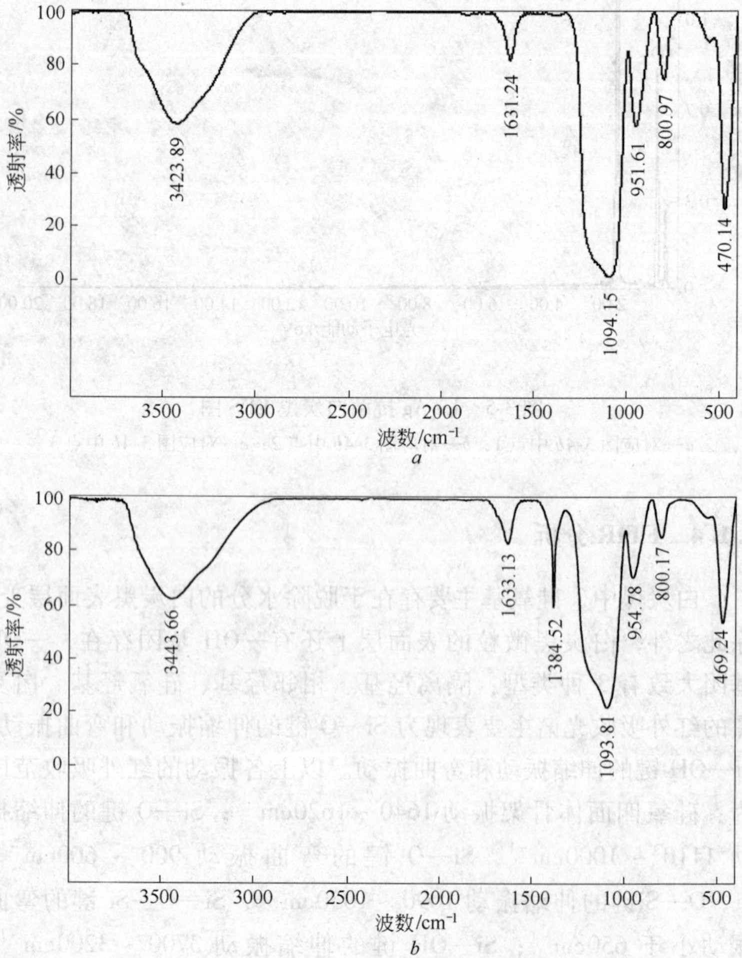

图 3-6　FTIR 谱图

a—白炭黑 FTIR 谱图；*b*—La-Ag 抗菌白炭黑 FTIR 谱图

的吸收峰均向高频方向移动。影响基团频率位移的内部因素有电效应（诱导效应、共轭效应、偶极场效应）、氢键、振动的耦合、费米共振、立体障碍（空间位阻）和环的张力。在 La-Ag 抗菌白炭黑中，基团频率发生位移的主要影响因素是电效应中的诱导效应和空间位阻。由于银和稀土元素镧的电负性大，通过静电诱导作用引起化学键电荷分布的变化，改变了键力常数而导致 Si—OH 键的伸缩振动和硅氧四面体骨架振动的振动频率增加。同样由于银离子和镧离子的半径大，造成空间立体障碍使上述各键的振动频率增加。其中，1384.52cm^{-1}处的振动，显示出有游离的银存在。

总体来说，白炭黑载入抗菌离子银和稀土元素镧后，结构并未发生重大变化，并不影响白炭黑原有的各项性能，因此抗菌白炭黑可广泛应用于白炭黑适用的各种领域。

3.2 Ce-Ag 抗菌白炭黑

铈的原子序数 58，相对原子质量 140.115，熔点 799℃，沸点 3426℃，密度 8.240$g \cdot cm^{-3}$。铈是一种灰色活泼金属，在空气中易失去光泽，加热时燃烧，与水迅速反应，溶于酸。铈化学性质活泼，用刀刮即可在空气中燃烧（纯的铈不易自燃，但稍氧化或与铁生成合金时，极易自燃）；加热时，在空气中燃烧生成二氧化铈。铈能与沸水作用，溶于酸，不溶于碱，受低温和高压时，出现一种反磁性体，比普通形式的铈致密 18%。铈在地壳中的含量约 0.0046%，是稀土元素中丰度最高的一种。铈有 4 种同位素：^{136}Ce、^{138}Ce、^{140}Ce、^{142}Ce。^{142}Ce 是放射性的 α 放射体，半衰期为 5×10^{15} 年。

“铈”这种元素是由德国人 M. H. Klaproth，瑞典人 J. J. Bergelius 和 W. Hisinger 于 1803 年发现并命名的，以纪念 1801 年发现的小行星——谷神星。铈主要存在独居石和氟碳铈矿中，也存在于铀、钍、钚的裂变产物中。常由氧化铈用镁粉还原，或由电解熔融的氯化铈而制得。铈可作催化剂、电弧电极、特种玻璃等。铈的合金耐高热，可以用来制造喷气推进器零件。硝酸铈可用来制造煤气灯上用的白热纱罩。

钇和铈的氧化物以及其他稀土元素氧化物和土族元素的氧化物一样很难还原。直到1875年希尔布郎德利用电解熔融的铈的氧化物，获得金属铈。这是今天取得稀土元素金属的一种普遍的方法。它们的发现不仅仅是发现了它们的本身，而且带来了其他稀土元素的发现。其他稀土元素的发现是从这两个元素的发现开始的。钇和铈的发现仅仅是打开了发现稀土元素的第一道大门，是发现稀土元素的第一阶段。

3.2.1 Ce-Ag 抗菌白炭黑的制备

将预热好的一部分水玻璃和小苏打注入恒温（90℃）反应器中，在300～500r · min^{-1}转速下进行第1步反应。待第1步反应结束后，调低转速至100～200r · min^{-1}，加入剩余的水玻璃，稍后加入剩余的小苏打进行第2步反应。调pH值至1～3，反应0.5h。向其中加入适量稀土固定剂和硝酸铈，待反应稳定后加入硝酸银，继续反应1～2h。反应结束后趁热抽滤，称量滤液体积并保存以备离子检测用。滤饼用分散剂处理后送烘箱，在120℃下进行干燥，将烘干的样品研碎，过200目筛子，所得即为Ce-Ag抗菌白炭黑。

3.2.2 反应条件与 Ce-Ag 抗菌白炭黑性能的关系

影响Ce-Ag抗菌白炭黑性能的因素很多，例如：反应温度、反应时间、稀土金属离子铈的浓度、反应液的pH值、搅拌器的转速等。下面仅从铈离子的浓度、反应温度、反应时间三方面进行介绍。

3.2.2.1 硝酸铈浓度对 Ce-Ag 抗菌白炭黑杀菌率的影响

在各种影响因素中铈离子的浓度是影响Ce-Ag抗菌白炭黑杀菌率的最主要的因素。为探讨铈离子浓度与材料杀菌率的关系，分别用 0.0001mol · L^{-1}、0.0005mol · L^{-1}、0.001mol · L^{-1}、0.005mol · L^{-1}和 0.01mol · L^{-1}浓度的硝酸铈进行实验（反应温度 90℃，反应时间 1h）。其结果如图 3-7 所示。

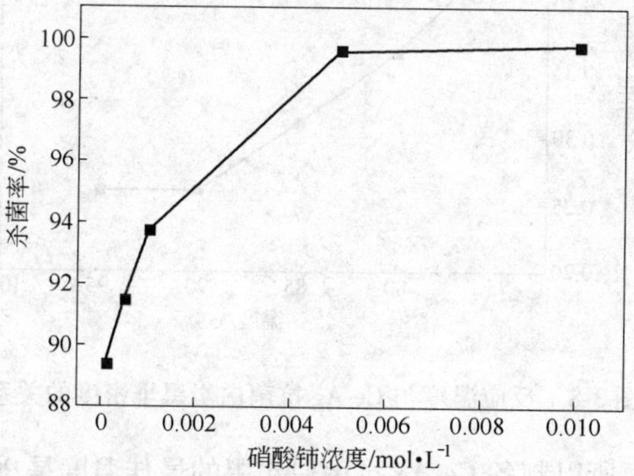

图 3-7　硝酸铈浓度与 Ce-Ag 抗菌白炭黑杀菌率的关系

由图 3-7 可知，随着硝酸铈浓度的增大（由 0.0001mol · L^{-1} 增加到 0.01mol · L^{-1}），Ce-Ag 抗菌白炭黑的杀菌率逐渐增大。当硝酸铈浓度达到 0.005mol · L^{-1}时，再增大硝酸铈的浓度，杀菌率变化已不再明显。因此，制备 Ce-Ag 抗菌白炭黑时，硝酸铈的最佳浓度为 0.005mol · L^{-1}。

3.2.2.2　反应温度对 Ce-Ag 抗菌白炭黑堆密度的影响

为探讨反应温度与材料堆密度的关系，分别在 75℃、80℃、85℃、90℃ 和 95℃ 下进行实验（反应时间 1h，铈离子浓度 0.005mol · L^{-1}）。其结果如图 3-8 所示。

由图 3-8 可知，随着制备温度的升高，Ce-Ag 抗菌白炭黑的堆密度呈下降趋势。这主要是由于温度升高后，生成的 Ce-Ag 抗菌白炭黑的颗粒越来越细，样品的分散性越来越好，致使堆密度下降。当反应温度小于 90℃时，Ce-Ag 抗菌白炭黑的堆密度受反应温度的影响比较显著；当反应温度达到 90℃时，堆密度的变化变

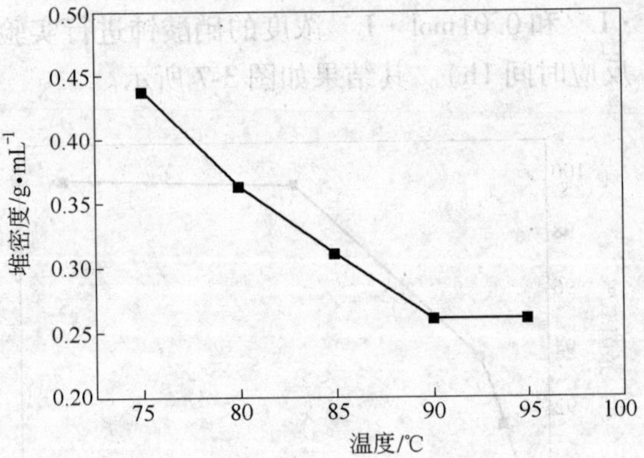

图 3-8　反应温度与 Ce-Ag 抗菌白炭黑堆密度的关系

得较平缓。所以制备 Ce-Ag 抗菌白炭黑的最佳温度是 90℃。

3.2.2.3　反应时间对 Ce-Ag 抗菌白炭黑堆密度的影响

反应时间是影响材料堆密度的主要因素之一。实验分别在 15min、30min、45min、60min 和 75min 下进行（反应温度 90℃，铈离子浓度 0.005mol · L^{-1}）。其结果如图 3-9 所示。

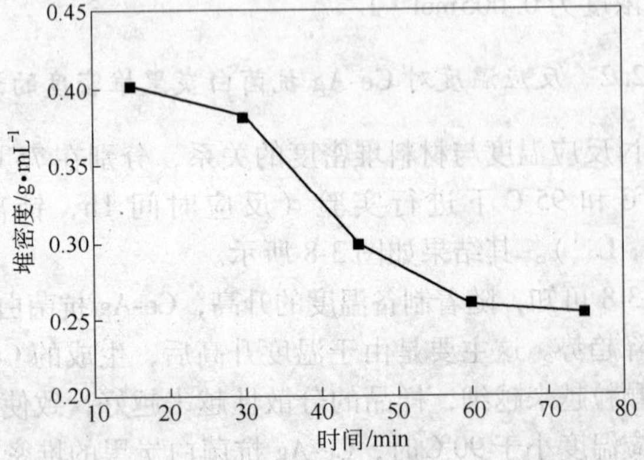

图 3-9　反应时间与 Ce-Ag 抗菌白炭黑堆密度的关系

由图 3-9 可知，随着制备时间的延长，Ce-Ag 抗菌白炭黑的堆密度呈下降趋势。这主要是由于反应时间延长后，生成的 Ce-Ag抗菌白炭黑的颗粒越来越均匀、细小，样品的分散性越来越好，致使堆密度下降。当反应时间小于 60min 时，Ce-Ag 抗菌白炭黑的堆密度受反应温度的影响比较显著；当反应时间达到 60min 时，堆密度的变化变得较平缓。所以制备 Ce-Ag 抗菌白炭黑的最佳时间是 60min。

3.2.3 SEM 和 EDS 分析

实验通过扫描电镜（SEM）和能谱（EDS）对 Ce-Ag 抗菌白炭黑的组成、形态、结构等性能进行表征。检测结果如图 3-10和图 3-11 所示。图 3-10*a* 为白炭黑的 SEM 照片，图 3-10*b* 为 Ce-Ag 抗菌白炭黑的 SEM 照片。由图 3-10 可知，白炭黑和 Ce-Ag 抗菌白炭黑均为无定型结构，颗粒大小较均匀，结构松散，两者粒径大小相当。图 3-11 为图 3-10*b* 的 EDS 图片，其中图 3-11*a* 对应图 3-10*b* 中点 1，图 3-11*b* 对应图 3-10*b* 中点 2，图 3-11*c* 对应图 3-10*b* 中点 3。从图 3-11 可知，图 3-10 中点 1 为金属银，点 2 为稀土元素铈，点 3 为载体白炭黑。图 3-11*a*、图 3-11*b* 显示，稀土元素铈与金属银存在共生现象，并且，银的存在较分散，每一处的含量不是很高。由此可知，实验制备的

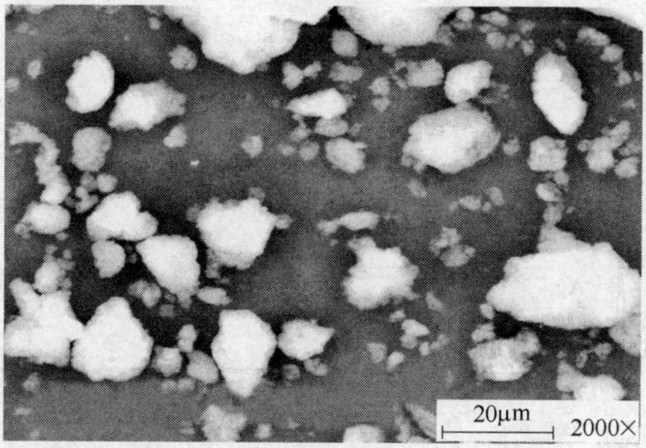

a

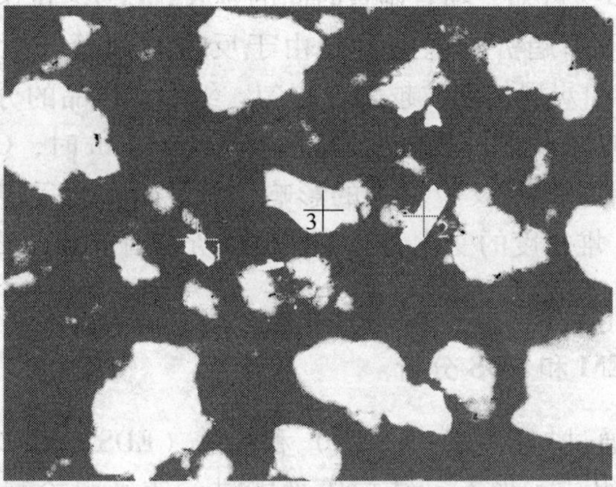

b

图 3-10　SEM 照片

a—白炭黑；*b*—Ce-Ag 抗菌白炭黑

样品中确实含有稀土元素铈和金属银。并且，在材料中有一部分银和铈附着在载体白炭黑上，而有一部分则游离在材料中。

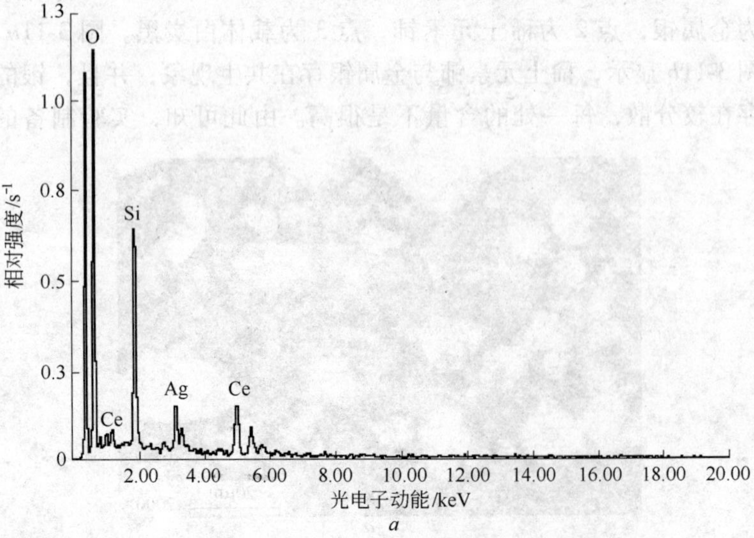

a

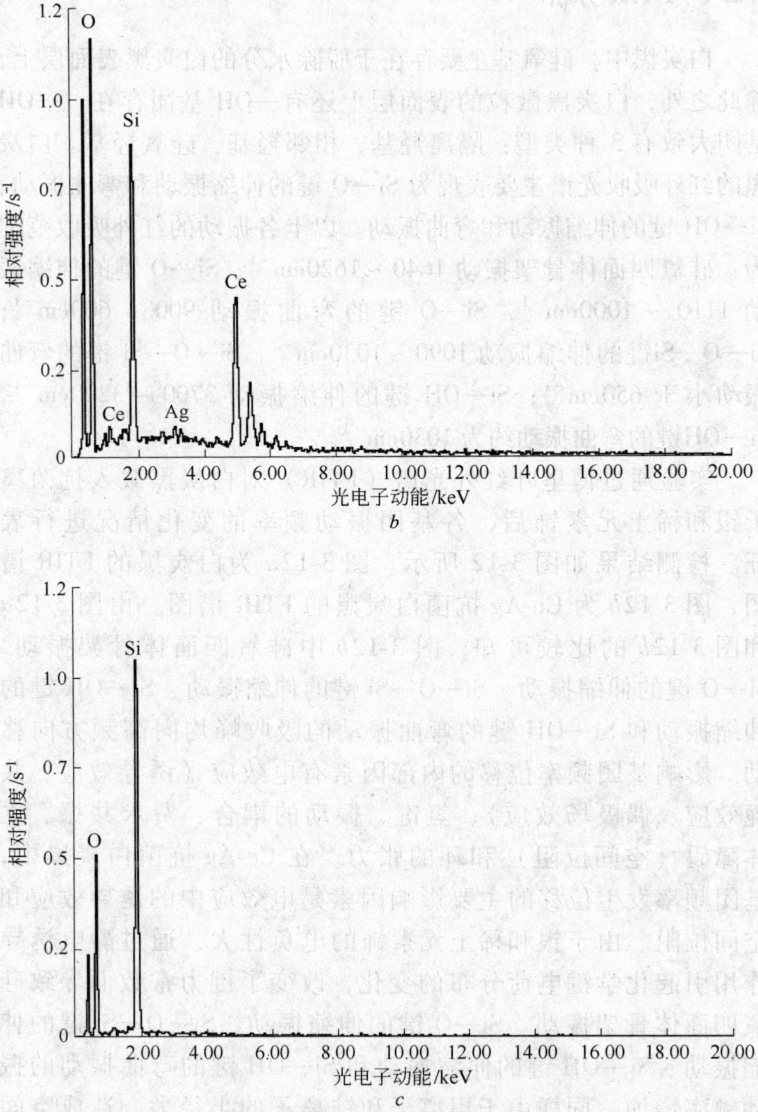

图 3-11　Ce-Ag 抗菌白炭黑 EDS 图

a—对应图 3-10*b* 中点 1；*b*—对应图 3-10*b* 中点 2；*c*—对应图 3-10*b* 中点 3

3.2.4 FTIR 分析

白炭黑中，硅氧基主要存在于脱除水分的白炭黑表面层上，除此之外，白炭黑微粒的表面层上还有—OH 基团存在，—OH 基团大致有 3 种类型：隔离羟基、相邻羟基、硅氧羟基。白炭黑的红外吸收光谱主要表现为 Si—O 键的伸缩振动和弯曲振动、Si—OH 键的伸缩振动和弯曲振动。以上各振动的红外吸收范围为：硅氧四面体骨架振动 1640 ~ 1620cm^{-1}；Si—O 键的伸缩振动 1110 ~ 1000cm^{-1}，Si—O 键的弯曲振动 900 ~ 600cm^{-1}；Si—O—Si键的伸缩振动 1090 ~ 1030cm^{-1}，Si—O—Si 键的弯曲振动小于 650cm^{-1}；Si—OH 键的伸缩振动 3700 ~ 3200cm^{-1}，Si—OH键的弯曲振动约为 1030cm^{-1}。

实验通过傅里叶红外光谱（FTIR）对白炭黑载入抗菌离子银和稀土元素铈后，各基团振动频率的变化情况进行表征。检测结果如图 3-12 所示。图 3-12*a* 为白炭黑的 FTIR 谱图，图 3-12*b* 为 Ce-Ag 抗菌白炭黑的 FTIR 谱图。由图 3-12*a* 和图 3-12*b* 的比较可知，图 3-12*b* 中硅氧四面体骨架振动、Si—O 键的伸缩振动、Si—O—Si 键的伸缩振动、Si—OH 键的伸缩振动和 Si—OH 键的弯曲振动的吸收峰均向高频方向移动。影响基团频率位移的内部因素有电效应（诱导效应、共轭效应、偶极场效应）、氢键、振动的耦合、费米共振、立体障碍（空间位阻）和环的张力。在 Ce-Ag 抗菌白炭黑中，基团频率发生位移的主要影响因素是电效应中的诱导效应和空间位阻。由于银和稀土元素铈的电负性大，通过静电诱导作用引起化学键电荷分布的变化，改变了键力常数而导致硅氧四面体骨架振动、Si—O 键的伸缩振动、Si—O—Si 键的伸缩振动、Si—OH 键的伸缩振动和 Si—OH 键的弯曲振动的振动频率增加。同样由于银离子和铈离子的半径大，造成空间立体障碍使上述各键的振动频率增加。其中，1384. 50cm^{-1} 处的振动，显示出有游离的银存在。

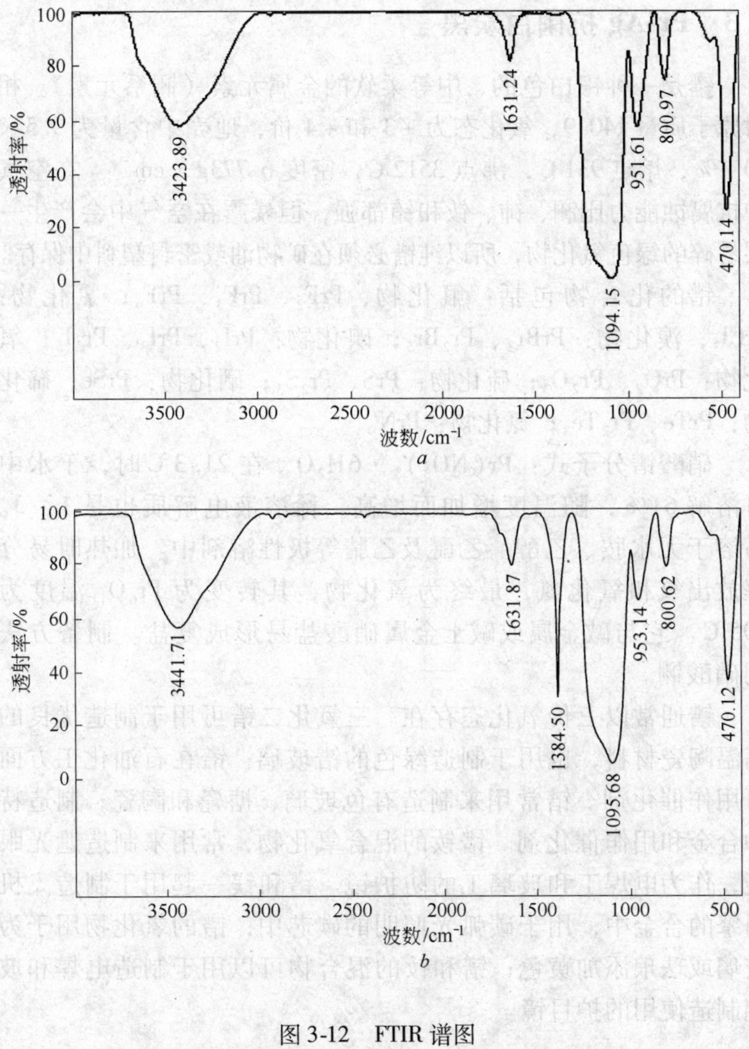

图 3-12 FTIR 谱图

a—白炭黑 FTIR 谱图；*b*—Ce-Ag 抗菌白炭黑 FTIR 谱图

总体来说，白炭黑载入抗菌离子银和稀土元素铈后，结构并未发生重大变化，并不影响白炭黑原有的各项性能，因此抗菌白炭黑可广泛应用于白炭黑适用的各种领域。

3.3 Pr-Ag 抗菌白炭黑

镨是一种银白色的、中等柔软的金属元素（镧系元素）。相对原子质量 140.9，氧化态为 +3 和 +4 价，地壳中含量为 $9.5\times10^{-4}\%$，熔点 931℃，沸点 3512℃，密度 $6.773g\cdot cm^{-3}$。在空气中抗腐蚀能力比镧、铈、钕和铕都强，但暴露在空气中会产生一层易碎的绿色氧化物，所以纯镨必须在矿物油或密封塑料中保存。

镨的化合物包括：氟化物、PrF_2、PrF_3、PrF_4；氯化物：$PrCl_3$；溴化物：$PrBr_3$、Pr_2Br_5；碘化物：PrI_2、PrI_3、Pr_2I_5；氧化物：PrO_2、Pr_2O_3；硫化物：PrS、Pr_2S_3；硒化物：PrSe；碲化物：PrTe、Pr_2Te_3；氮化物：PrN。

硝酸镨分子式：$Pr(NO_3)_3\cdot6H_2O$，在 21.3℃时，于水中可溶解 61%，随温度增加而增高。稀溶液电解质也是 1∶3。易溶于无水胺、乙醇、乙醚及乙腈等极性溶剂中。加热时易分解放出氧和氧化氮，最终为氧化物，其转变为 Pr_6O_{11} 温度为 505℃。它与碱金属或碱土金属硝酸盐易形成复盐。制备方法同硝酸镧。

镨通常以三价氧化态存在。三氧化二镨可用于制造优良的高温陶瓷材料，也用于制造绿色的镨玻璃；镨在石油化工方面可用作催化剂。镨常用来制造有色玻璃、搪瓷和陶瓷；制造特种合金和用作催化剂。镨钕的混合氧化物，常用来制造遮光眼镜，作为电焊工和玻璃工的防护镜。镨和镁一起用于制造飞机引擎的合金中；用于碳弧光照明的碳芯中；镨的氧化物用于为玻璃或珐琅添加黄色；镨和钕的混合物可以用于制造电焊和玻璃制造使用的护目镜。

3.3.1 Pr-Ag 抗菌白炭黑的制备

将预热好的一部分水玻璃和小苏打注入恒温（90℃）反应器中，在 $300\sim500r\cdot min^{-1}$转速下进行第 1 步反应。待第 1 步反应结束后，调低转速至 $100\sim200r\cdot min^{-1}$，加入剩余的水玻璃，稍后加入剩余的小苏打进行第2步反应。调pH值至1~3，反应0.5h。向其中加入适量稀土固定剂和硝酸镨，待反应稳定后加入硝酸银，继续反应1~2h。反应结束后趁热抽滤，称量滤液体积并保存以备离子检测用。滤饼用分散剂处理后送烘箱，在120℃下进行干燥，将烘干的样品研碎，过200目筛子，所得即为Pr-Ag抗菌白炭黑。

3.3.2 反应条件与Pr-Ag抗菌白炭黑性能的关系

影响Pr-Ag抗菌白炭黑性能的因素很多，例如：反应温度、反应时间、稀土金属离子镨的浓度、反应液的pH值、搅拌器的转速等。下面仅从镨离子的浓度、反应温度、反应时间三方面进行介绍。

3.3.2.1 硝酸镨浓度对Pr-Ag抗菌白炭黑杀菌率的影响

在各种影响因素中镨离子的浓度是影响Pr-Ag抗菌白炭黑杀菌率的最主要的因素。为探讨镨离子浓度与材料杀菌率的关系，分别用0.0001mol·L^{-1}、0.0005mol·L^{-1}、0.001mol·L^{-1}、0.005mol·L^{-1}和0.01mol·L^{-1}浓度的硝酸镨进行实验（反应温度90℃，反应时间1h）。其结果如图3-13所示。

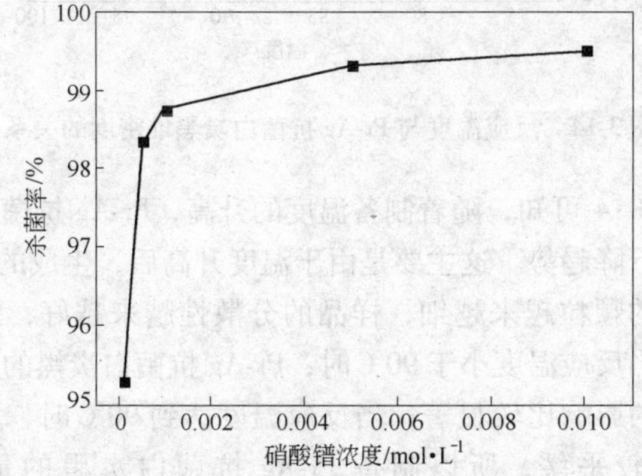

图3-13 硝酸镨浓度与Pr-Ag抗菌白炭黑杀菌率的关系

由图3-13可知，随着硝酸镨浓度的增大（由 $0.0001\text{mol}\cdot\text{L}^{-1}$ 增加到 $0.01\text{mol}\cdot\text{L}^{-1}$），Pr-Ag抗菌白炭黑的杀菌率逐渐增大。当硝酸镨浓度达到 $0.005\text{mol}\cdot\text{L}^{-1}$ 时，再增大硝酸镨的浓度，杀菌率变化已不再明显。因此，制备Pr-Ag抗菌白炭黑时，硝酸镨的最佳浓度为 $0.005\text{mol}\cdot\text{L}^{-1}$。

3.3.2.2 反应温度对Pr-Ag抗菌白炭黑堆密度的影响

为探讨反应温度与材料堆密度的关系，分别在75℃、80℃、85℃、90℃和95℃下进行实验（反应时间1h，镨离子浓度 $0.005\text{mol}\cdot\text{L}^{-1}$）。其结果如图3-14所示。

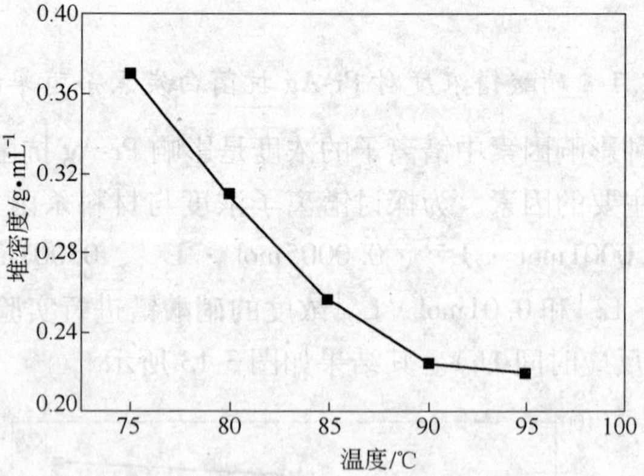

图3-14 反应温度与Pr-Ag抗菌白炭黑堆密度的关系

由图3-14可知，随着制备温度的升高，Pr-Ag抗菌白炭黑的堆密度呈下降趋势。这主要是由于温度升高后，生成的Pr-Ag抗菌白炭黑的颗粒越来越细，样品的分散性越来越好，致使堆密度下降。当反应温度小于90℃时，Pr-Ag抗菌白炭黑的堆密度受反应温度的影响比较显著；当反应温度达到90℃时，堆密度的变化变得较平缓，所以制备Pr-Ag抗菌白炭黑的最佳温度是90℃。

3.3.2.3　反应时间对 Pr-Ag 抗菌白炭黑堆密度的影响

反应时间是影响材料堆密度的主要因素之一。实验分别在 15min、30min、45min、60min 和 75min 下进行（反应温度 90℃，镨离子浓度 0.005mol · L^{-1}）。其结果如图 3-15 所示。

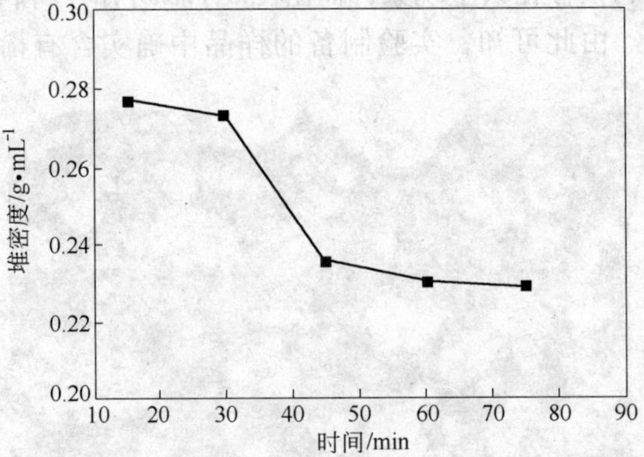

图 3-15　反应时间与 Pr-Ag 抗菌白炭黑堆密度的关系

由图 3-15 可知，随着制备时间的延长，Pr-Ag 抗菌白炭黑的堆密度呈下降趋势。这主要是由于反应时间延长后，生成的 Pr-Ag 抗菌白炭黑的颗粒越来越均匀，细小，样品的分散性越来越好，致使堆密度下降。当反应时间小于 60min 时，Pr-Ag 抗菌白炭黑的堆密度受反应温度的影响比较显著；当反应时间达到 60min 时，堆密度的变化变得较平缓，所以制备 Pr-Ag 抗菌白炭黑的最佳时间是 60min。

3.3.3　SEM 和 EDS 分析

实验通过扫描电镜（SEM）和能谱（EDS）对 Pr-Ag 抗菌白炭黑的组成、形态、结构等性能进行表征。检测结果如图 3-16 和图 3-17 所示。图 3-16*a* 为白炭黑的 SEM 照片，图 3-16*b* 为 Pr-Ag 抗菌白炭黑的 SEM 照片。由图 3-16 可知，白炭黑和 Pr-Ag 抗菌白炭黑均为无定型结构，颗粒大小较均匀，结构松散，两者粒径大小相当。图 3-17 为图 3-16*b* 的 EDS 图片，其中图 3-17*a* 对应图 3-16*b* 中点 1，图 3-17*b* 对应图 3-16*b* 中点 2，图 3-17*c* 对应图 3-16*b* 中点 3。从图 3-17 可知，图 3-16 中点 1 为稀土元素镨，点 2 为金属银，点 3 为载体白炭黑。图 3-17*a* 显示，稀土元素镨与金属银存在共生现象，而由图 3-17*b* 可知，材料中有单独存在的银。由此可知，实验制备的样品中确实含有稀土元素镨

图 3-16　SEM 照片

a—白炭黑；*b*—Pr-Ag 抗菌白炭黑

和金属银。并且，在材料中有一部分银附着在载体白炭黑上，而有一部分则与稀土元素镨共生游离在材料中。

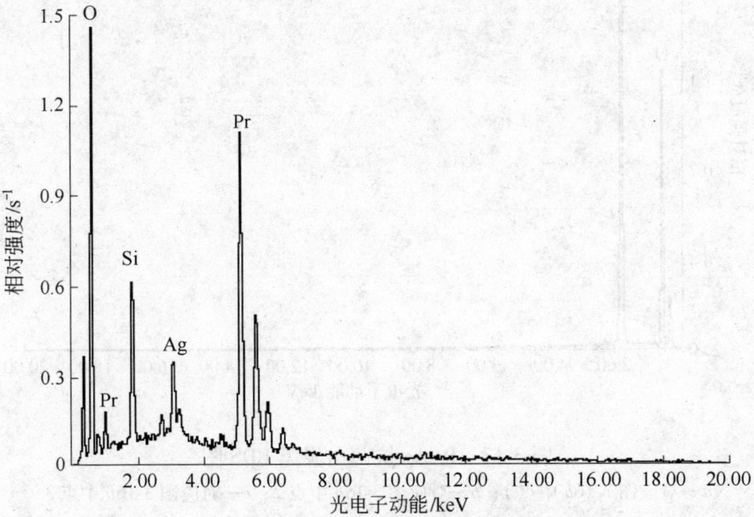

a

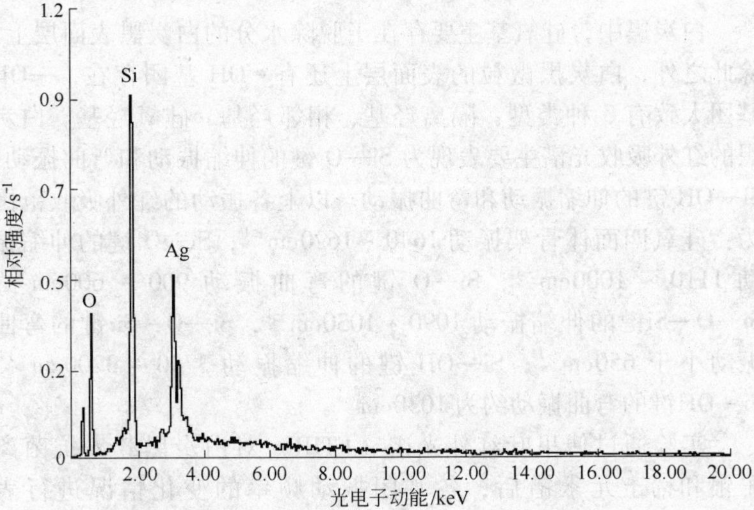

b

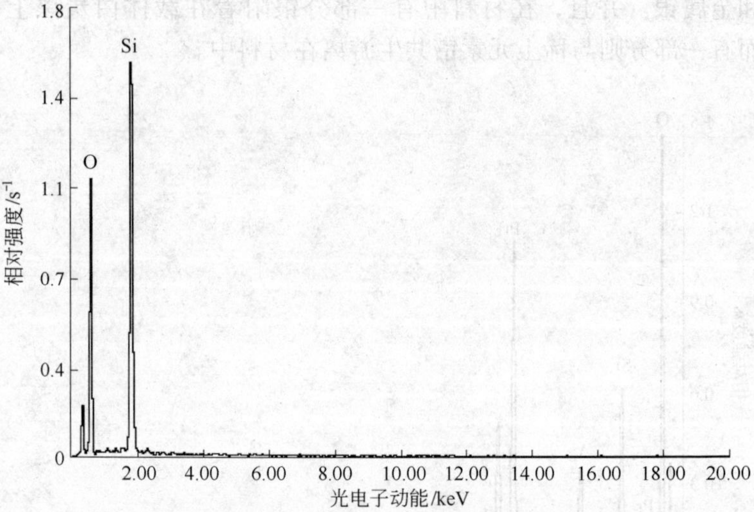

c

图 3-17　Pr-Ag 抗菌白炭黑 EDS 图

a—对应图 3-16*b* 中点 1；*b*—对应图 3-16*b* 中点 2；*c*—对应图 3-16*b* 中点 3

3.3.4　FTIR 分析

白炭黑中，硅氧基主要存在于脱除水分的白炭黑表面层上，除此之外，白炭黑微粒的表面层上还有—OH 基团存在，—OH 基团大致有 3 种类型：隔离羟基、相邻羟基、硅氧羟基。白炭黑的红外吸收光谱主要表现为 Si—O 键的伸缩振动和弯曲振动、Si—OH 键的伸缩振动和弯曲振动。以上各振动的红外吸收范围为：硅氧四面体骨架振动 1640 ~ 1620cm^{-1}；Si—O 键的伸缩振动 1110 ~ 1000cm^{-1}，Si—O 键的弯曲振动 900 ~ 600cm^{-1}；Si—O—Si键的伸缩振动 1090 ~ 1030cm^{-1}，Si—O—Si 键的弯曲振动小于 650cm^{-1}；Si—OH 键的伸缩振动 3700 ~ 3200cm^{-1}，Si—OH键的弯曲振动约为 1030cm^{-1}。

实验通过傅里叶红外光谱（FTIR）对白炭黑载入抗菌离子银和稀土元素镨后，各基团振动频率的变化情况进行表征。检测结果如图 3-18 所示。图 3-18*a* 为白炭黑的 FTIR 谱图，图3-18b为 Pr-Ag 抗菌白炭黑的 FTIR 谱图。由图 3-18a 和图 3-18b 的比较可知，图 3-18b 中硅氧四面体骨架振动、Si—O 键的伸缩振动、Si—O—Si 键的伸缩振动、Si—O—Si 键的弯曲振动、Si—OH 键的伸缩振动和 Si—OH 键的弯曲振动的

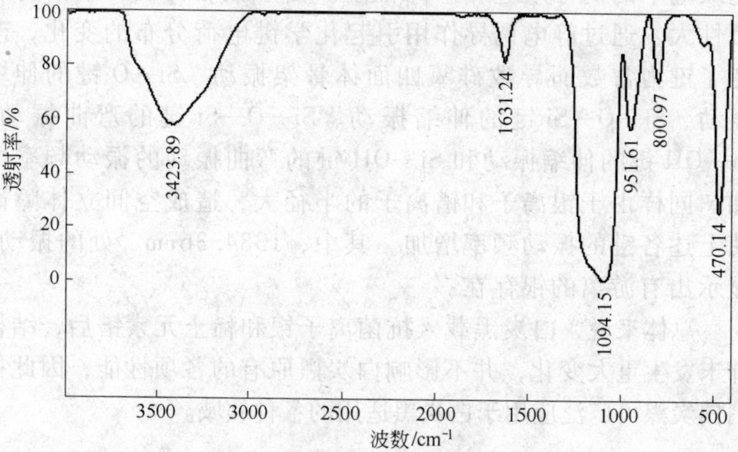

a

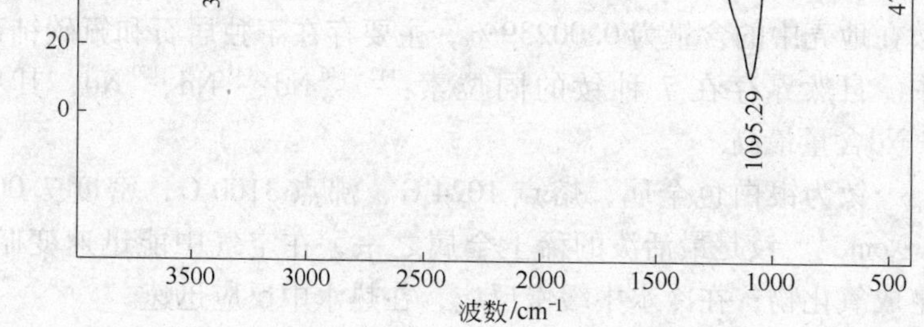

b

图 3-18　FTIR 谱图

a—白炭黑 FTIR 谱图；*b*—Pr-Ag 抗菌白炭黑 FTIR 谱图

吸收峰均向高频方向移动。影响基团频率位移的内部因素有电效应（诱导效应、共轭效应、偶极场效应）、氢键、振动的耦合、费米共振、立体障碍（空间位阻）和环的张力。在Pr-Ag抗菌白炭黑中，基团频率发生位移的主要影响因素是电效应中的诱导效应和空间位阻。由于银和稀土元素镨的电负性大，通过静电诱导作用引起化学键电荷分布的变化，改变了键力常数而导致硅氧四面体骨架振动、Si—O 键的伸缩振动、Si—O—Si 键的伸缩振动、Si—O—Si 键的弯曲振动、Si—OH 键的伸缩振动和 Si—OH 键的弯曲振动的振动频率增加。同样由于银离子和镨离子的半径大，造成空间立体障碍使上述各键的振动频率增加。其中，1384.36cm^{-1}处的振动，显示出有游离的银存在。

总体来说，白炭黑载入抗菌离子银和稀土元素镨后，结构并未发生重大变化，并不影响白炭黑原有的各项性能，因此抗菌白炭黑可广泛应用于白炭黑适用的各种领域。

3.4 Nd-Ag 抗菌白炭黑

稀土元素钕原子序数 60，相对原子质量 144.24，元素名来源于希腊文，原意是“孪生”。1841 年瑞典化学家莫桑德尔从铈土中得到镨、钕的混合物；1885 年奥地利的韦耳斯拔从中分离出绿色的镨盐和玫瑰色的钕盐，并确定它们是两种新元素。钕在地壳中的含量为 0.00239%，主要存在于独居石和氟碳铈矿中。自然界存在 7 种钕的同位素：$^{142\sim146}Nd$、^{148}Nd、^{150}Nd，其中^{142}Nd含量最高。

钕为银白色金属，熔点 1024℃，沸点 3100℃，密度 7.004 $g\cdot cm^{-3}$。钕是最活泼的稀土金属之一，在空气中能迅速变暗，生成氧化物；在冷水中缓慢反应，在热水中反应迅速。

钕元素凭借其在稀土领域中的独特地位，多年来成为市场关注的热点。金属钕的最大用户是钕铁硼永磁材料。钕铁硼永磁体的问世，为稀土高科技领域注入了新的生机与活力。钕铁硼磁体磁能积高，被称作当代“永磁之王”，以其优异的性能广泛用于电子、机械等行业。阿尔法磁谱仪的研制成功，标志着我国钕铁硼磁体的各项磁性能已跨入世界一流水平。钕还应用于有色金属材料。在镁或铝合金中添加 1.5% ~2.5% 的钕，可提高合金的高温性能、气密性和耐腐蚀性，广泛用作航空航天材料。另外，掺钕的钇铝石榴石产生短波激光束，在工业上广泛用于厚度在 10mm 以下薄型材料的焊接和切削。在医疗上，掺钕钇铝石榴石激光器代替手术刀用于摘除手术或创伤口消毒。钕也用于玻璃和陶瓷材料的着色以及橡胶制品的添加剂。随着科学技术的发展，稀土科技领域的拓展和延伸，钕元素将会有更广阔的利用空间。

钕的化合物主要有氧化钕、草酸钕、硝酸钕。草酸钕（$Nd_2(C_2O_4)_3 \cdot 10H_2O$）为白色沉淀，单斜晶系。难溶于水，在 25℃ 水中无水草酸钕仅溶解 $0.49 \times 10^{-4} mg \cdot L^{-1}$，可由水溶液中沉淀出，和碱一起煮沸可使草酸钕转化为氢氧化物沉淀。加热可分解为碱式碳酸盐及氧化物，转化为氧化物温度为800 ~900℃，用此法可制取 Nd_2O_3。在稀土酸性溶液中加入草酸可制得。

3.4.1 Nd-Ag 抗菌白炭黑的制备

将预热好的一部分水玻璃和小苏打注入恒温（90℃）反应器中，在 300 ~500$r \cdot min^{-1}$转速下进行第 1 步反应。待第 1 步反应结束后，调低转速至 100 ~200$r \cdot min^{-1}$，加入剩余的水玻璃，稍后加入剩余的小苏打进行第 2 步反应。调 pH 值至 1 ~3，反应 0.5h。向其中加入适量稀土固定剂和硝酸钕，待反应稳定后加入硝酸银，继续反应 1 ~2h。反应结束后趁热抽滤，称量滤液体积并保存以备离子检测用。滤饼用分散剂处理后送烘箱，在 120℃下进行干燥，将烘干的样品研碎，过 200 目筛子，所得即为 Nd-Ag 抗菌白炭黑。

3.4.2 反应条件与 Nd-Ag 抗菌白炭黑性能的关系

影响 Nd-Ag 抗菌白炭黑性能的因素很多，例如：反应温度、反应时间、稀土金属离子钕的浓度、反应液的 pH 值、搅拌器的转速等。下面仅从钕离子的浓度、反应温度、反应时间三方面进行介绍。

3.4.2.1 硝酸钕浓度对 Nd-Ag 抗菌白炭黑杀菌率的影响

在各种影响因素中钕离子的浓度是影响 Nd-Ag 抗菌白炭黑杀菌率的最主要的因素。为探讨钕离子浓度与材料杀菌率的关系，分别用 0.0001mol · L^{-1}、0.0005mol · L^{-1}、0.001mol · L^{-1}、0.005mol · L^{-1}和 0.01mol · L^{-1}浓度的硝酸钕进行实验（反应温度 90℃，反应时间 1h）。其结果如图 3-19所示。

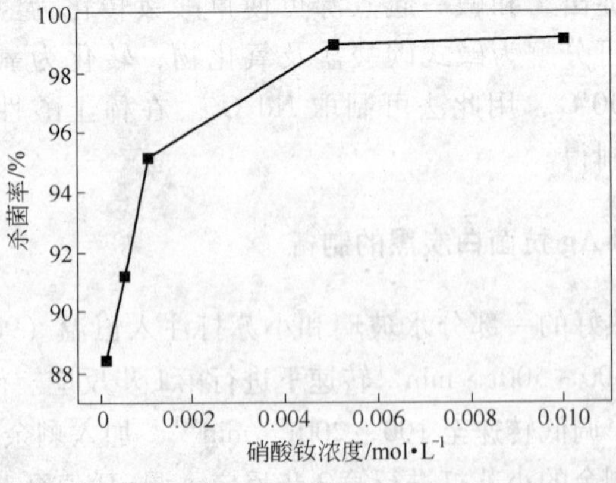

图 3-19 硝酸钕浓度与 Nd-Ag 抗菌白炭黑杀菌率的关系

由图 3-19 可知，随着硝酸钕浓度的增大（由 0.0001mol · L^{-1} 增加到 0.01mol · L^{-1}），Nd-Ag 抗菌白炭黑的杀菌率逐渐增大。当硝酸钕浓度达到 0.005mol · L^{-1}时，再增大硝酸钕的浓度，杀菌率变化已不再明显。因此，制备 Pr-Ag 抗菌白炭黑时，硝酸钕的最佳浓度为 0.005mol·L^{-1}。

3.4.2.2 反应温度对 Nd-Ag 抗菌白炭黑堆密度的影响

为探讨反应温度与材料堆密度的关系，分别在 75℃、80℃、85℃、90℃ 和 95℃ 下进行实验（反应时间 1h，钕离子浓度 0.005mol·L^{-1}）。其结果如图 3-20 所示。

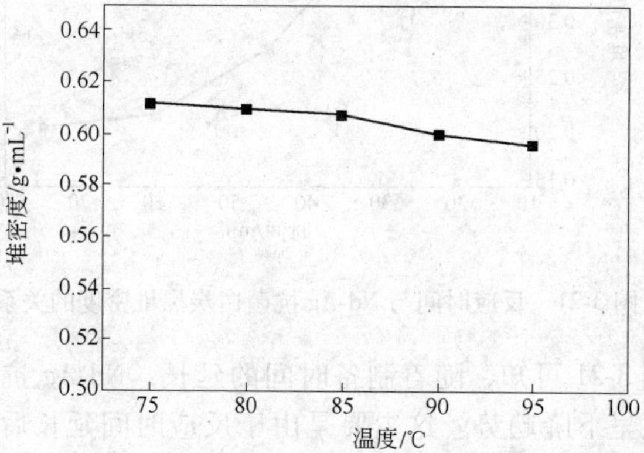

图 3-20　反应温度与 Nd-Ag 抗菌白炭黑堆密度的关系

由图 3-20 可知，随着制备温度的升高，Nd-Ag 抗菌白炭黑的堆密度呈下降趋势。这主要是由于温度升高后，生成的 Nd-Ag 抗菌白炭黑的颗粒越来越细，样品的分散性越来越好，致使堆密度下降。但较其他稀土-银系抗菌白炭黑，Nd-Ag 抗菌白炭黑的堆密度随温度变化不是很显著。当反应温度小于 90℃ 时，Nd-Ag抗菌白炭黑的堆密度受反应温度的影响较大；当反应温度达到 90℃时，堆密度的变化变得相对平缓，所以制备 Nd-Ag 抗菌白炭黑的最佳温度是 90℃。

3.4.2.3 反应时间对 Nd-Ag 抗菌白炭黑堆密度的影响

反应时间是影响材料堆密度的主要因素之一。实验分别在

15min、30min、45min、60min 和 75min 下进行（反应温度 90℃，钕离子浓度 0.005mol · L^{-1}）。其结果如图 3-21 所示。

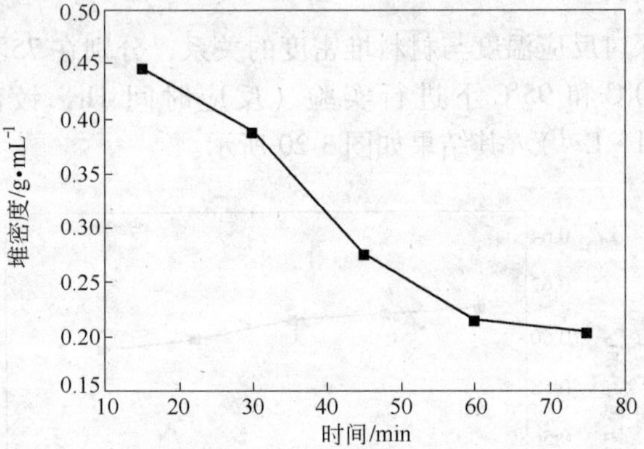

图 3-21　反应时间与 Nd-Ag 抗菌白炭黑堆密度的关系

由图 3-21 可知，随着制备时间的延长，Nd-Ag 抗菌白炭黑的堆密度呈下降趋势。这主要是由于反应时间延长后，生成的 Nd-Ag 抗菌白炭黑的颗粒越来越均匀、细小，样品的分散性越来越好，致使堆密度下降。当反应时间小于 60min 时，Nd-Ag 抗菌白炭黑的堆密度受反应温度的影响比较显著；当反应时间达到 60min 时，堆密度的变化变得较平缓，所以制备 Nd-Ag 抗菌白炭黑的最佳时间是 60min。

3.4.3　SEM 和 EDS 分析

实验通过扫描电镜（SEM）和能谱（EDS）对 Nd-Ag 抗菌白炭黑的组成、形态、结构等性能进行表征。检测结果如图3-22 和图 3-23 所示。图 3-22*a* 为白炭黑的 SEM 照片，图 3-22*b* 为 Nd-Ag 抗菌白炭黑的 SEM 照片。由图 3-22 可知，白炭黑和 Nd-Ag 抗菌白炭黑均为无定型结构，颗粒大小较均匀，结构松散，两者粒径大小相当。图 3-23 为图 3-22*b* 的 EDS 图片，其中图3-23*a* 对应图 3-22*b* 中点 1，图 3-23*b* 对应图 3-22*b* 中点 2，图 3-23*c* 对应图 3-22*b* 中点 3。从图 3-23 可知，图 3-22 中点 1 为稀土元素钕，点 2 为金属银，点 3 为载体白炭黑。图 3-23*a* 和图3-23*b* 显示，稀土元素钕与金属银存在共生现象。由此可知，实验制备的样品中确实含有稀土元素钕和金属银。并且，在材料中有一部分银和钕附着在载体白炭黑上，而有一部分则游离在材料中。

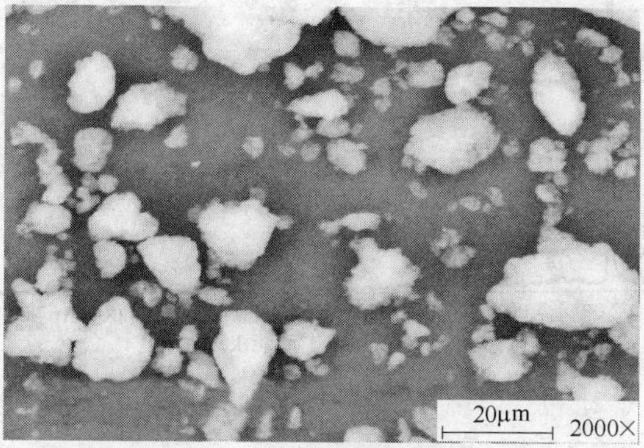

a

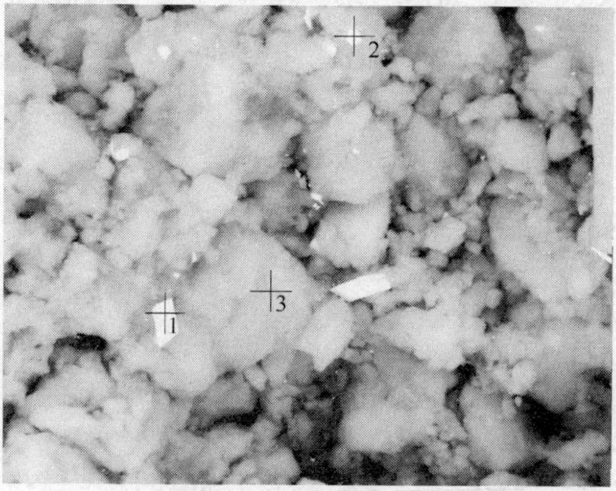

b

图 3-22　SEM 照片

a—白炭黑；*b*—Nd-Ag 抗菌白炭黑

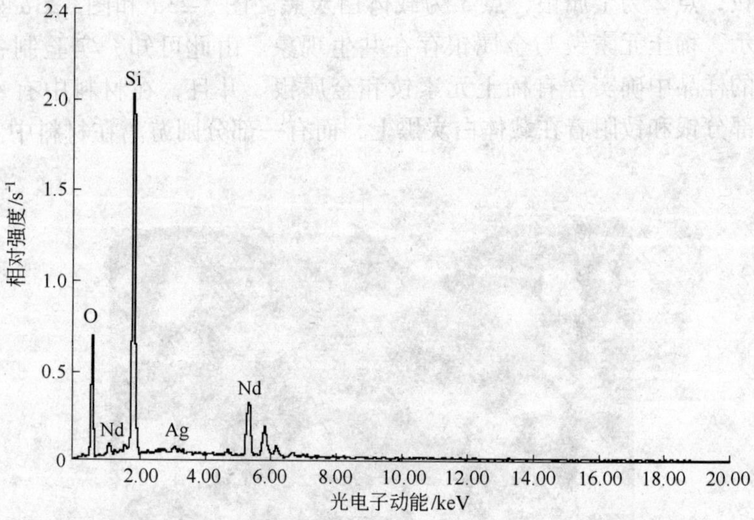

2.4
2.0
1.5
1.0
0.5
0
Si
O
Nd
Ag
Nd
相对强度/s^{-1}
2.00
4.00
6.00
8.00
10.00
12.00
14.00
16.00
18.00
20.00
光电子动能/keV

a

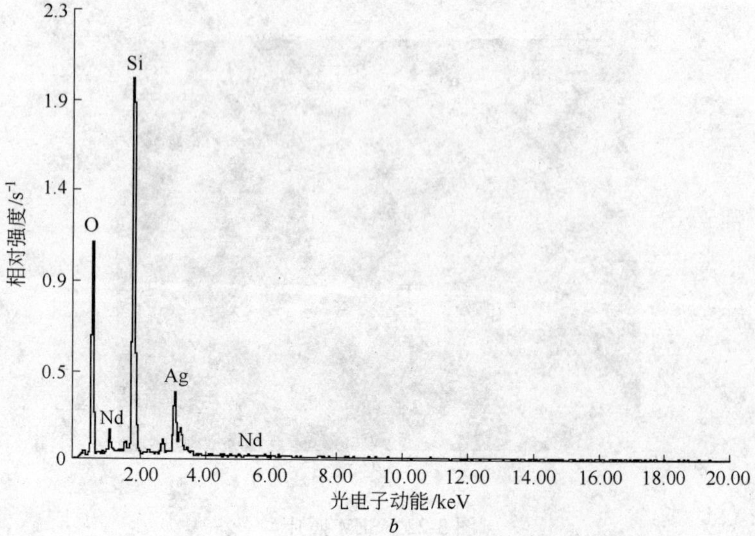

2.3
1.9
1.4
0.9
0.5
0
Si
O
Nd
Ag
Nd
相对强度/s^{-1}
2.00
4.00
6.00
8.00
10.00
12.00
14.00
16.00
18.00
20.00
光电子动能/keV

b

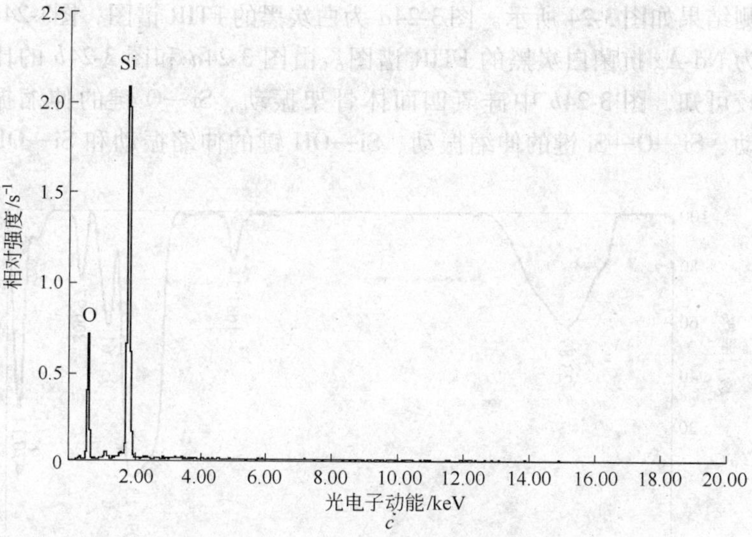

图 3-23　Nd-Ag 抗菌白炭黑 EDS 图

a—对应图 3-22*b* 中点 1；*b*—对应图 3-22*b* 中点 2；*c*—对应图 3-22*b* 中点 3

3.4.4　FTIR 分析

白炭黑中，硅氧基主要存在于脱除水分的白炭黑表面层上，除此之外，白炭黑微粒的表面层上还有—OH 基团存在，—OH 基团大致有 3 种类型：隔离羟基、相邻羟基、硅氧羟基。白炭黑的红外吸收光谱主要表现为 Si—O 键的伸缩振动和弯曲振动、Si—OH 键的伸缩振动和弯曲振动。以上各振动的红外吸收范围为：硅氧四面体骨架振动 1640 ~ 1620cm^{-1}；Si—O 键的伸缩振动 1110 ~ 1000cm^{-1}，Si—O 键的弯曲振动 900 ~ 600cm^{-1}；Si—O—Si键的伸缩振动 1090 ~ 1030cm^{-1}，Si—O—Si 键的弯曲振动 < 650cm^{-1}；Si—OH 键的伸缩振动 3700 ~ 3200cm^{-1}，Si—OH键的弯曲振动约为 1030cm^{-1}。

实验通过傅里叶红外光谱（FTIR）对白炭黑载入抗菌离子银和稀土元素钕后，各基团振动频率的变化情况进行表征。检测结果如图3-24所示。图3-24*a*为白炭黑的FTIR谱图，图3-24*b*为Nd-Ag抗菌白炭黑的FTIR谱图。由图3-24*a*和图3-24*b*的比较可知，图3-24*b*中硅氧四面体骨架振动、Si—O键的伸缩振动、Si—O—Si键的伸缩振动、Si—OH键的伸缩振动和Si—OH

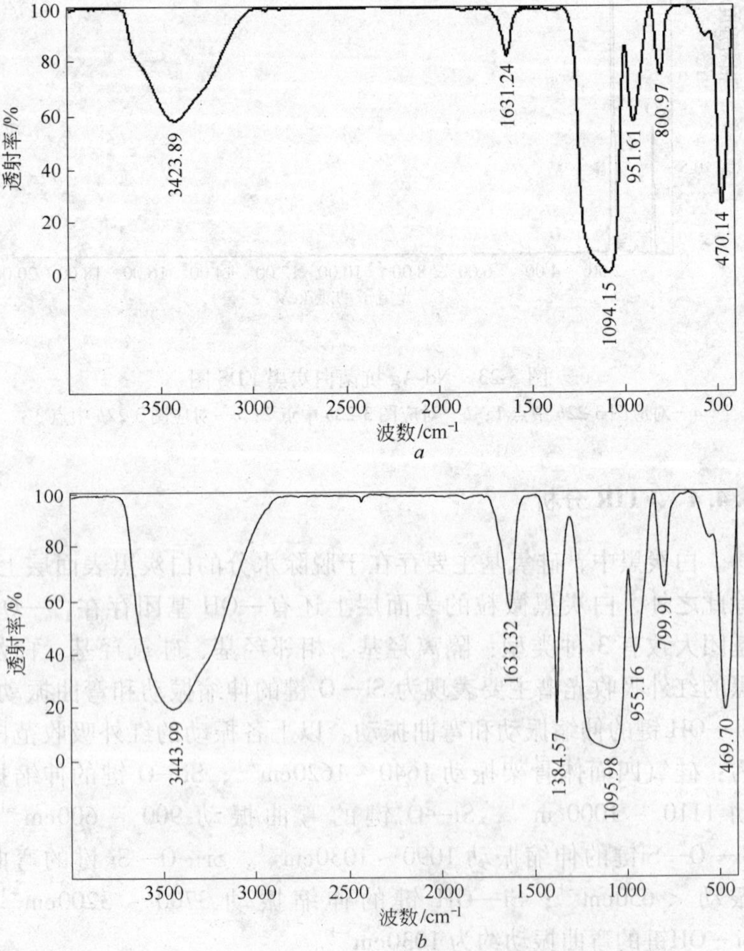

图3-24 FTIR谱图

a—白炭黑FTIR谱图；*b*—Nd-Ag抗菌白炭黑FTIR谱图

键的弯曲振动的吸收峰均向高频方向移动。影响基团频率位移的内部因素有电效应（诱导效应、共轭效应、偶极场效应）、氢键、振动的耦合、费米共振、立体障碍（空间位阻）和环的张力。在 Nd-Ag 抗菌白炭黑中，基团频率发生位移的主要影响因素是电效应中的诱导效应和空间位阻。由于银和稀土元素钕的电负性大，通过静电诱导作用引起化学键电荷分布的变化，改变了键力常数而导致硅氧四面体骨架振动、Si—O 键的伸缩振动、Si—O—Si 键的伸缩振动、Si—OH 键的伸缩振动和 Si—OH 键的弯曲振动的振动频率增加。同样由于银离子和钕离子的半径大，造成空间立体障碍使上述各键的振动频率增加。其中，$1384.57cm^{-1}$处的振动，显示出有游离的银存在。

总体来说，白炭黑载入抗菌离子银和稀土元素钕后，结构并未发生重大变化，并不影响白炭黑原有的各项性能，因此抗菌白炭黑可广泛应用于白炭黑适用的各种领域。

3.5 Sm-Ag 抗菌白炭黑

钐，英文名 Samarium，元素符号 Sm，原子序数 62，相对原子质量 150.4，单质密度 $7.54g \cdot cm^{-3}$，单质熔点 1072.0℃，单质沸点 1900.0℃。钐是一种银白色金属，似铁一样硬，在空气中很快变暗，加热到 150℃即着火，燃烧生成氧化物。天然存在的同位素有^{144}Sm、$^{147\sim150}Sm$、^{152}Sm 和^{154}Sm，外围电子排布 $4f^6 6s^2$，常见化合价为 +2 价和 +3 价。常见化合物有 $Sm(NO_3)_3$，Sm_2O_3 还能和硼、碳、硫、氢、氮反应生成相应的化合物。

1878 年，法国光谱学家、化学家德拉丰坦就从莫森德尔发现的称为 Didymium 的元素中发现了一种新元素，称为 Decipium。但 1879 年，法国另一位化学家布瓦博德朗利用光谱分析，确定 Decipium 是一些未知和已知稀土元素的混合物，并从中分离出当时未知的一种新元素，命名为 Samarium，元素符号 Sm，即钐。用离子交换法从其他稀土元素中分离制得，也可由氧化钐用钡或镧还原制得。

钐与其他稀土元素共存于独居石砂里。独居石所含有的稀土元素还有钙和钍，分布于印度和巴西的河沙及佛罗里达海滨河沙中。稀土元素在独居石砂里的质量分数通常为50%，其中钐占2.8%。此外，钐也存在于氟碳铈矿中，而氟碳铈矿则大多分布于南加利福尼亚。

金属钐用于制造激光材料、微波和红外器材，在电子和陶瓷工业、原子能工业上也有较重要的用处。钐容易磁化却很难退磁，这意味着将来在固态元件和超导技术中将会有重要的应用。

3.5.1 Sm-Ag 抗菌白炭黑的制备

将预热好的一部分水玻璃和小苏打注入恒温（90℃）反应器中，在300～500r·min^{-1}转速下进行第1步反应。待第1步反应结束后，调低转速至100～200r·min^{-1}，加入剩余的水玻璃，稍后加入剩余的小苏打进行第2步反应。调pH值至1～3，反应0.5h。向其中加入适量稀土固定剂和硝酸钐，待反应稳定后加入硝酸银，继续反应1～2h。反应结束后趁热抽滤，称量滤液体积并保存以备离子检测用。滤饼用分散剂处理后送烘箱，在120℃下进行干燥，将烘干的样品研碎，过200目筛子，所得即为Sm-Ag抗菌白炭黑。

3.5.2 反应条件与 Sm-Ag 抗菌白炭黑性能的关系

影响Sm-Ag抗菌白炭黑性能的因素很多，例如：反应温度、反应时间、稀土金属离子钐的浓度、反应液的pH值、搅拌器的转速等。下面仅从钐离子的浓度、反应温度、反应时间3方面进行介绍。

3.5.2.1 硝酸钐浓度对 Sm-Ag 抗菌白炭黑杀菌率的影响

在各种影响因素中钐离子的浓度是影响Sm-Ag抗菌白炭黑杀菌率的最主要的因素。为探讨钐离子浓度与材料杀菌率的关系，分别用0.0001mol·L^{-1}、0.0005mol·L^{-1}、0.001mol·L^{-1}、

0.005mol·L^{-1}和0.01mol·L^{-1}浓度的硝酸钐进行实验（反应温度90℃，反应时间1h）。其结果如图3-25所示。

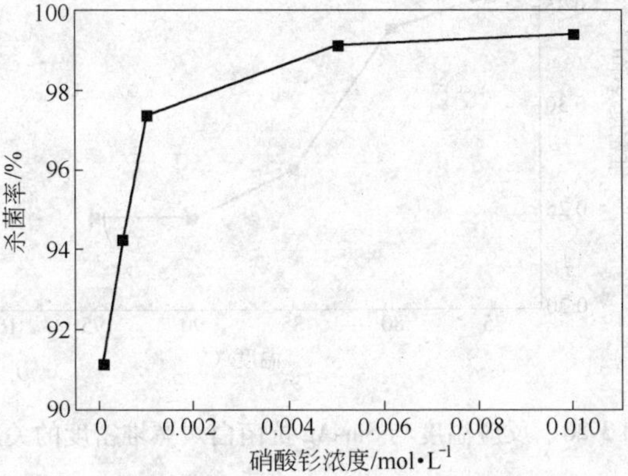

图3-25　硝酸钐浓度与Sm-Ag抗菌白炭黑杀菌率的关系

由图3-25可知，随着硝酸钐浓度的增大（由0.0001mol·L^{-1}增加到0.01mol·L^{-1}），Sm-Ag抗菌白炭黑的杀菌率逐渐增大。当硝酸钐浓度达到0.005mol·L^{-1}时，再增大硝酸钐的浓度，杀菌率变化已不再明显。因此，制备Sm-Ag抗菌白炭黑时，硝酸钐的最佳浓度为0.005mol·L^{-1}。

3.5.2.2　反应温度对Sm-Ag抗菌白炭黑堆密度的影响

为探讨反应温度与材料堆密度的关系，分别在75℃、80℃、85℃、90℃和95℃下进行实验（反应时间1h，钐离子浓度0.005mol·L^{-1}）。其结果如图3-26所示。

由图3-26可知，随着制备温度的升高，Sm-Ag抗菌白炭黑的堆密度呈下降趋势。这主要是由于温度升高后，生成的Sm-Ag抗菌白炭黑的颗粒越来越细，样品的分散性越来越好，致使堆密度下降。当反应温度小于90℃时，Sm-Ag抗菌白炭黑的堆密度受反应温度的影响比较显著；当反应温度达到90℃时，堆密度的变化变得较平缓，所以制备Sm-Ag抗菌白炭黑的最佳温度

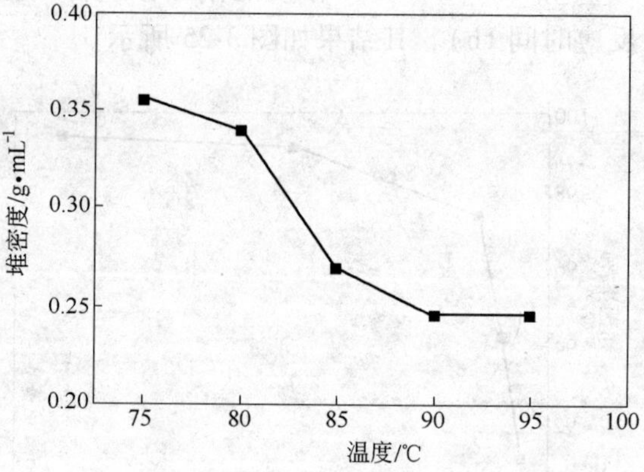

图 3-26　反应温度与 Sm-Ag 抗菌白炭黑堆密度的关系

是 90℃。

3.5.2.3　反应时间对 Sm-Ag 抗菌白炭黑堆密度的影响

反应时间是影响材料堆密度的主要因素之一。实验分别在 15min、30min、45min、60min 和 75min 下进行（反应温度 90℃，钐离子浓度 0.005mol · L^{-1}）。其结果如图 3-27 所示。

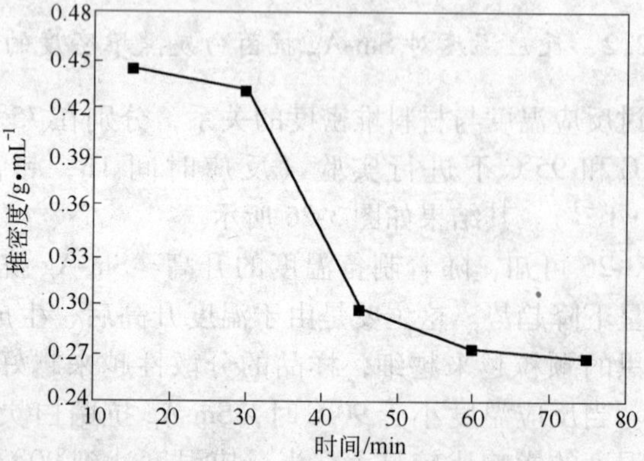

图 3-27　反应时间与 Sm-Ag 抗菌白炭黑堆密度的关系

由图3-27可知，随着制备时间的延长，Sm-Ag抗菌白炭黑的堆密度呈下降趋势。这主要是由于反应时间延长后，生成的Sm-Ag抗菌白炭黑的颗粒越来越均匀、细小，样品的分散性越来越好，致使堆密度下降。当反应时间小于60min时，Sm-Ag抗菌白炭黑的堆密度受反应温度的影响比较显著；当反应时间达到60min时，堆密度的变化变得较平缓，所以，制备Sm-Ag抗菌白炭黑的最佳时间是60min。

3.5.3 SEM和EDS分析

实验通过扫描电镜（SEM）和能谱（EDS），对Sm-Ag抗菌白炭黑的组成、形态、结构等性能进行表征。检测结果如图3-28和图3-29所示。图3-28*a*为白炭黑的SEM照片，图3-28*b*为Sm-Ag抗菌白炭黑的SEM照片。由图3-28可知，白炭黑和Sm-Ag抗菌白炭黑均为无定型结构，颗粒大小较均匀，结构松散，两者粒径大小相当。图3-29为图3-28*b*的EDS图片，其中图3-29*a*对应图3-28*b*中点1，图3-29*b*对应图3-28*b*中点2，图3-29*c*对应图3-28*b*中点3。从图3-29可知，图3-28中点1为稀土元素钐，点2为金属银，点3为载体白炭黑。图3-29*a*显示，稀土元素钐与金属银存在共生现象，而由图3-29*b*可知，材料中有单独存在的银。由此可知，实验制备的样品中确实含有稀土元素钐

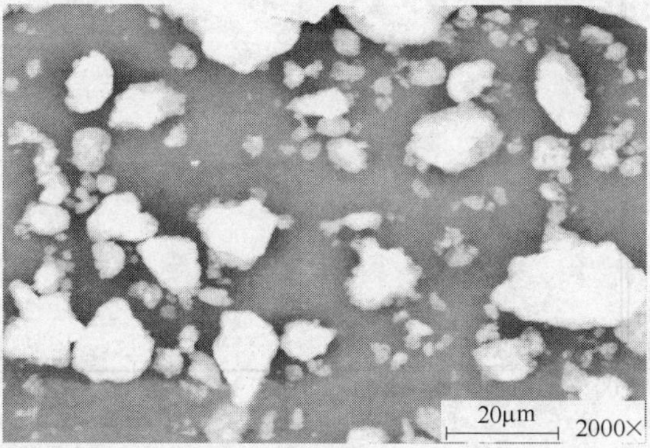

a

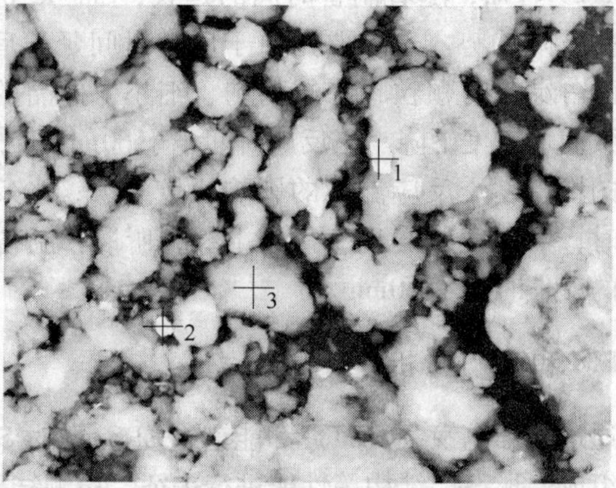

b

图 3-28　SEM 照片

a—白炭黑；*b*—Sm-Ag 抗菌白炭黑

和金属银，并且，在材料中有一部分银附着在载体白炭黑上，而有一部分则与稀土元素钐共生游离在材料中。

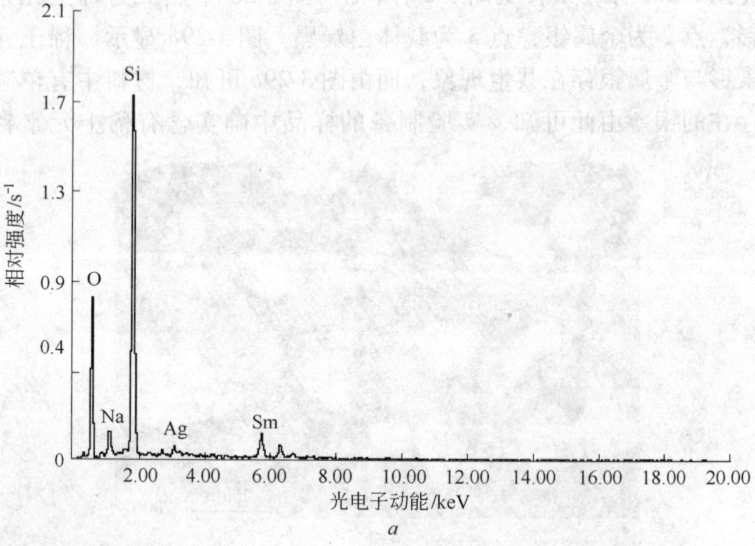

a

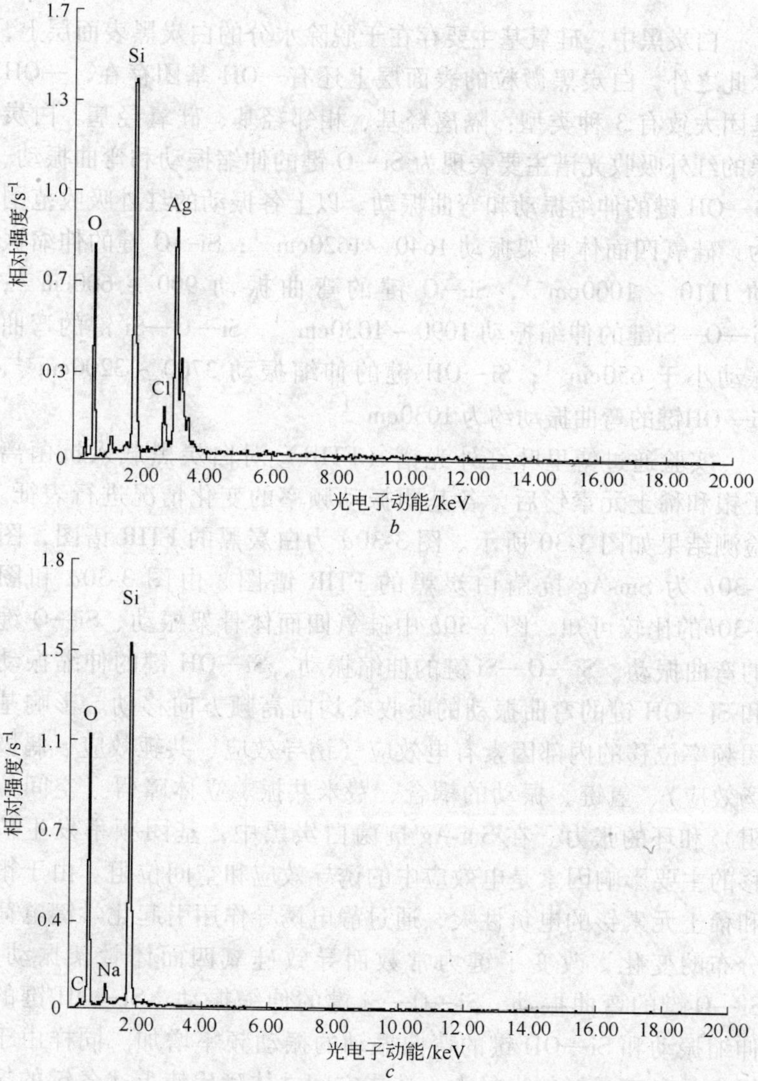

图 3-29　Sm-Ag 抗菌白炭黑 EDS 图

a—对应图 3-28*b* 中点 1；*b*—对应图 3-28*b* 中点 2；*c*—对应图 3-28*b* 中点 3

3.5.4 FTIR 分析

白炭黑中，硅氧基主要存在于脱除水分的白炭黑表面层上，除此之外，白炭黑微粒的表面层上还有—OH 基团存在，—OH 基团大致有 3 种类型：隔离羟基、相邻羟基、硅氧羟基。白炭黑的红外吸收光谱主要表现为 Si—O 键的伸缩振动和弯曲振动、Si—OH 键的伸缩振动和弯曲振动。以上各振动的红外吸收范围为：硅氧四面体骨架振动 1640 ~ 1620cm^{-1}；Si—O 键的伸缩振动 1110 ~ 1000cm^{-1}，Si—O 键的弯曲振动 900 ~ 600cm^{-1}；Si—O—Si键的伸缩振动 1090 ~ 1030cm^{-1}，Si—O—Si 键的弯曲振动小于 650cm^{-1}；Si—OH 键的伸缩振动 3700 ~ 3200cm^{-1}，Si—OH键的弯曲振动约为 1030cm^{-1}。

实验通过傅里叶红外光谱（FTIR）对白炭黑载入抗菌离子银和稀土元素钐后，各基团振动频率的变化情况进行表征。检测结果如图 3-30 所示。图 3-30*a* 为白炭黑的 FTIR 谱图，图 3-30*b* 为 Sm-Ag 抗菌白炭黑的 FTIR 谱图。由图 3-30*a* 和图 3-30*b*的比较可知，图 3-30*b* 中硅氧四面体骨架振动、Si—O 键的弯曲振动、Si—O—Si 键的伸缩振动、Si—OH 键的伸缩振动和 Si—OH 键的弯曲振动的吸收峰均向高频方向移动。影响基团频率位移的内部因素有电效应（诱导效应、共轭效应、偶极场效应）、氢键、振动的耦合、费米共振、立体障碍（空间位阻）和环的张力。在 Sm-Ag 抗菌白炭黑中，基团频率发生位移的主要影响因素是电效应中的诱导效应和空间位阻。由于银和稀土元素钐的电负性大，通过静电诱导作用引起化学键电荷分布的变化，改变了键力常数而导致硅氧四面体骨架振动、Si—O 键的弯曲振动、Si—O—Si 键的伸缩振动、Si—OH 键的伸缩振动和 Si—OH 键的弯曲振动的振动频率增加。同样由于银离子和离子钐的半径大，造成空间立体障碍使上述各键的振动频率增加。其中，1384.67cm^{-1}处的振动，显示出有游离的银存在。

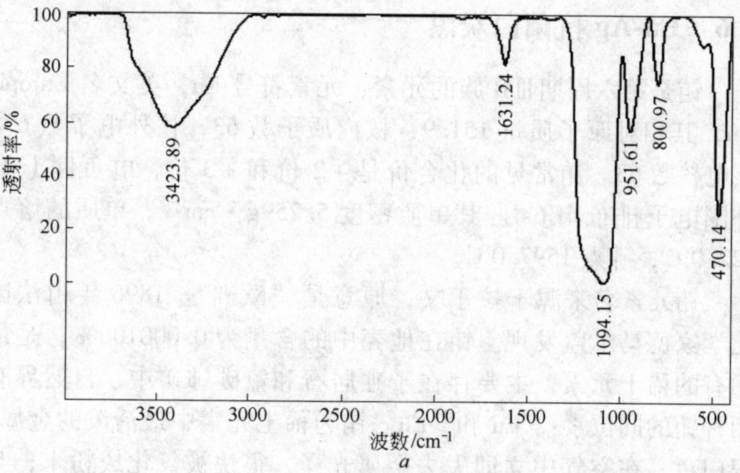

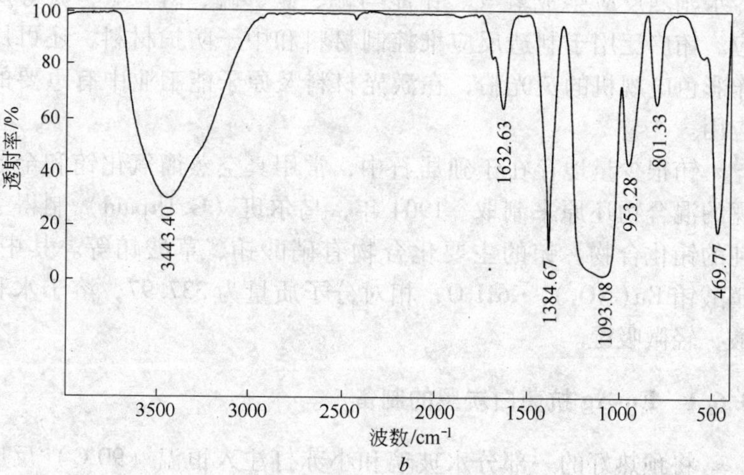

图 3-30　FTIR 谱图

a—白炭黑 FTIR 谱图；*b*—Sm-Ag 抗菌白炭黑 FTIR 谱图

总体来说，白炭黑载入抗菌离子银和稀土元素钐后，结构并未发生重大变化，并不影响白炭黑原有的各项性能，因此抗菌白炭黑可广泛应用于白炭黑适用的各种领域。

3.6 Eu-Ag 抗菌白炭黑

铕是第六周期ⅢB 族的元素，元素符号 Eu，英文名 Europium，其相对原子质量 151.9，核内质子数 63，核外电子数 63，核电核数 63。铕常见的化合价是 +2 价和 +3 价，电负性 1.2，外围电子排布 $4f^7 6s^2$。其单质密度 $5.259g \cdot cm^{-3}$，单质的熔点 822.0℃，沸点 1597.0℃。

铕元素名来源于拉丁文，原意是"欧洲"。1896 年由法国化学家德马尔盖发现。铕在地壳中的含量为 0.000106%，是最稀有的稀土元素，主要存在于独居石和氟碳铈矿中，自然界有两种铕的同位素：^{151}Eu 和 ^{153}Eu。铕为稀土元素中最活泼的金属，银白色，在空气中立即失去金属光泽，很快被氧化成粉末；与冷水剧烈反应生成氢气。铕能与硼、碳、硫、磷、氢、氮等反应。铕广泛用于制造反应堆控制材料和中子防护材料。还可用作彩色电视机的荧光粉，在激光材料及原子能工业中有重要的应用。

铕很少量地存在于独居石中，常用真空蒸馏氧化铕和金属镧的混合物还原来制取。1904 年，乌尔班（G. Urpain）制得了纯的铕化合物。铕的主要化合物有硝酸铕、草酸铕等。其中，硝酸铕 $Eu(NO_3)_3 \cdot 6H_2O$，相对分子质量为 337.97，溶于水和酸，轻微吸湿。

3.6.1 Eu-Ag 抗菌白炭黑的制备

将预热好的一部分水玻璃和小苏打注入恒温（90℃）反应器中，在 $300 \sim 500r \cdot min^{-1}$ 转速下进行第 1 步反应。待第 1 步反应结束后，调低转速至 $100 \sim 200r \cdot min^{-1}$，加入剩余的水玻璃，稍后加入剩余的小苏打进行第 2 步反应。调 pH 值至 1 ~ 3，反应 0.5h。向其中加入适量稀土固定剂和硝酸铕，待反应稳定后加入硝酸银，继续反应 1 ~ 2h。反应结束后趁热抽滤，称量滤液体积并保存以备离子检测用。滤饼用分散剂处理后送烘箱，在

120℃下进行干燥，将烘干的样品研碎，过200目筛子，所得即为Eu-Ag抗菌白炭黑。

3.6.2 反应条件与Eu-Ag抗菌白炭黑性能的关系

影响Eu-Ag抗菌白炭黑性能的因素很多，例如：反应温度、反应时间、稀土金属离子铕的浓度、反应液的pH值、搅拌器的转速等。下面仅从铕离子的浓度、反应温度、反应时间三方面进行介绍。

3.6.2.1 硝酸铕浓度对Eu-Ag抗菌白炭黑杀菌率的影响

在各种影响因素中铕离子的浓度是影响Eu-Ag抗菌白炭黑杀菌率的最主要的因素。为探讨铕离子浓度与材料杀菌率的关系，分别用0.0001mol·L^{-1}、0.0005mol·L^{-1}、0.001mol·L^{-1}、0.005mol·L^{-1}和0.01mol·L^{-1}浓度的硝酸铕进行实验（反应温度90℃，反应时间1h）。其结果如图3-31所示。

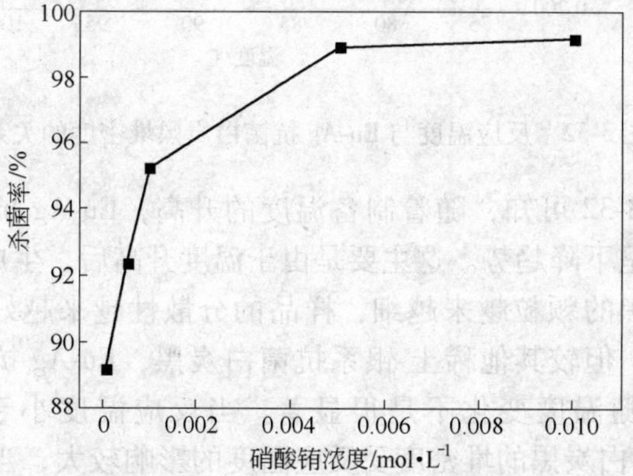

图3-31 硝酸铕浓度与Eu-Ag抗菌白炭黑杀菌率的关系

由图3-31可知，随着硝酸铕浓度的增大（由0.0001mol·L^{-1}增加到0.01mol·L^{-1}），Eu-Ag抗菌白炭黑的杀菌率逐渐增大。当硝酸铕浓度达到0.005mol·L^{-1}时，再增大硝酸铕的浓度，杀菌率变化已不再明显。因此，制备 Eu-Ag 抗菌白炭黑时，硝酸铕的最佳浓度为 0.005mol·L^{-1}。

3.6.2.2 反应温度对 Eu-Ag 抗菌白炭黑堆密度的影响

为探讨反应温度与材料堆密度的关系，分别在 75℃、80℃、85℃、90℃ 和 95℃ 下进行实验（反应时间 1h，铕离子浓度 0.005mol·L^{-1}）。其结果如图 3-32 所示。

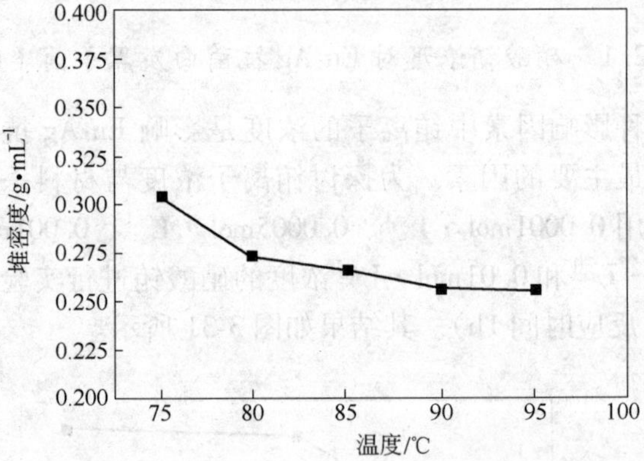

图 3-32 反应温度与 Eu-Ag 抗菌白炭黑堆密度的关系

由图 3-32 可知，随着制备温度的升高，Eu-Ag 抗菌白炭黑的堆密度呈下降趋势。这主要是由于温度升高后，生成的 Eu-Ag 抗菌白炭黑的颗粒越来越细，样品的分散性越来越好，致使堆密度下降。但较其他稀土-银系抗菌白炭黑，Eu-Ag 抗菌白炭黑的堆密度随温度变化不是很显著。当反应温度小于 90℃ 时，Eu-Ag抗菌白炭黑的堆密度受反应温度的影响较大；当反应温度达到 90℃时，堆密度的变化变得相对平缓。所以制备 Eu-Ag 抗菌白炭黑的最佳温度是 90℃。

3.6.2.3 反应时间对 Eu-Ag 抗菌白炭黑堆密度的影响

反应时间是影响材料堆密度的主要因素之一。实验分别在

15min、30min、45min、60min 和 75min 下进行（反应温度 90℃，铕离子浓度 0.005mol · L^{-1}）。其结果如图 3-33 所示。

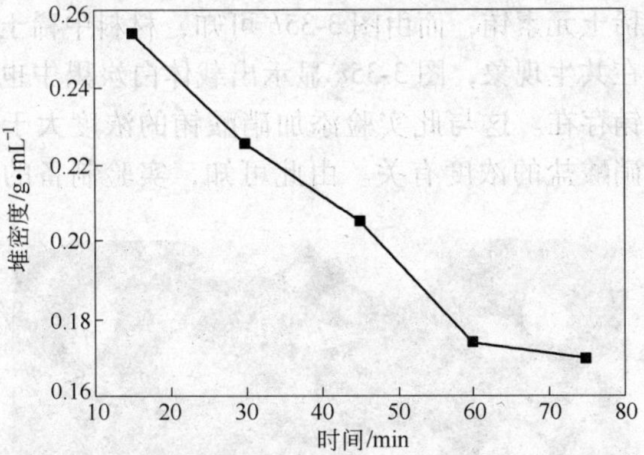

图 3-33　反应时间与 Eu-Ag 抗菌白炭黑堆密度的关系

由图 3-33 可知，随着制备时间的延长，Eu-Ag 抗菌白炭黑的堆密度呈下降趋势。这主要是由于反应时间延长后，生成的 Eu-Ag 抗菌白炭黑的颗粒越来越均匀、细小，样品的分散性越来越好，致使堆密度下降。当反应时间小于 60min 时，Eu-Ag 抗菌白炭黑的堆密度受反应温度的影响比较显著；当反应时间达到 60min 时，堆密度的变化变得较平缓，所以制备 Eu-Ag 抗菌白炭黑的最佳时间是 60min。

3.6.3　SEM 和 EDS 分析

实验通过扫描电镜（SEM）和能谱（EDS），对 Eu-Ag 抗菌白炭黑的组成、形态、结构等性能进行表征。检测结果如图 3-34 和图 3-35 所示。图 3-34*a* 为白炭黑的 SEM 照片，图 3-34*b* 为Eu-Ag 抗菌白炭黑的 SEM 照片。由图 3-34 可知，白炭黑和 Eu-Ag 抗菌白炭黑均为无定型结构，颗粒大小较均匀，结构松散，两者粒径大小相当。图 3-35 为图 3-34*b* 的 EDS 图片，其中图 3-35*a* 对应图3-34*b*中点1，图3-35*b*对应图3-34*b*中点2，图3-35*c*对应图3-34*b*中点3。从图3-35可知，图3-34中点1为稀土元素铕，点2为金属银，点3为载体白炭黑。图3-35*a*显示，材料中有单独存在的稀土元素铕，而由图3-35*b*可知，材料中稀土元素铕与金属银存在共生现象，图3-35*c*显示出载体白炭黑中也有少量的稀土元素铕存在。这与此实验添加硝酸铕的浓度大于其他实验添加稀土硝酸盐的浓度有关。由此可知，实验制备的样品中确

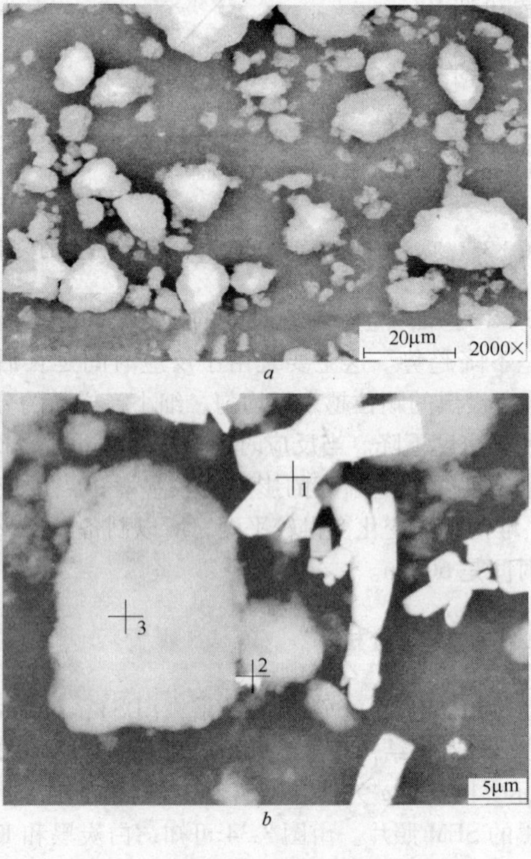

图3-34　SEM照片

a—白炭黑；*b*—Eu-Ag抗菌白炭黑

实含有稀土元素铕和金属银。并且，在材料中有一部分稀土元素铕与银共生，附着在载体白炭黑上，而有一部分稀土元素铕则游离在材料中。

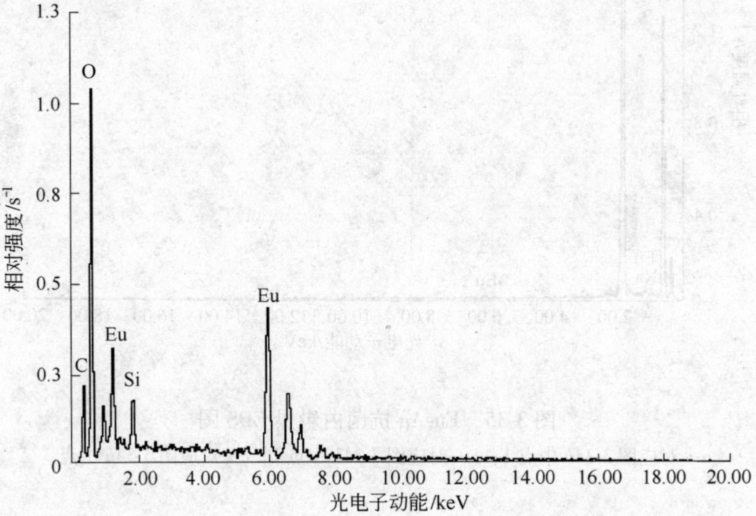

a

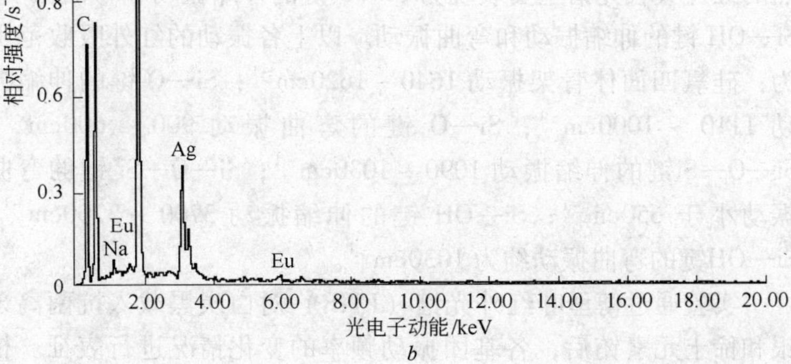

b

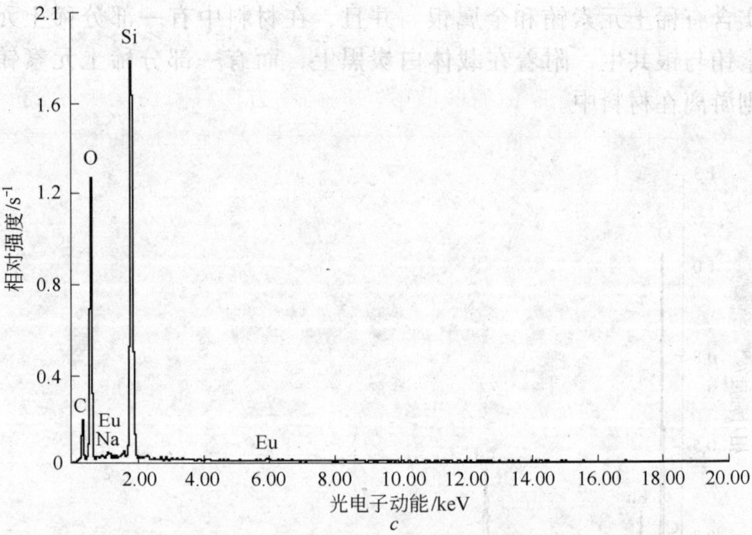

图 3-35　Eu-Ag 抗菌白炭黑 EDS 图

a—对应图 3-34*b* 中点 1；*b*—对应图 3-34*b* 中点 2；*c*—对应图 3-34*b* 中点 3

3.6.4　FTIR 分析

白炭黑中，硅氧基主要存在于脱除水分的白炭黑表面层上，除此之外，白炭黑微粒的表面层上还有—OH 基团存在，—OH 基团大致有 3 种类型：隔离羟基、相邻羟基、硅氧羟基。白炭黑的红外吸收光谱主要表现为 Si—O 键的伸缩振动和弯曲振动、Si—OH 键的伸缩振动和弯曲振动。以上各振动的红外吸收范围为：硅氧四面体骨架振动 1640 ~ 1620cm^{-1}；Si—O 键的伸缩振动 1110 ~ 1000cm^{-1}；Si—O 键的弯曲振动 900 ~ 600cm^{-1}；Si—O—Si键的伸缩振动 1090 ~ 1030cm^{-1}；Si—O—Si 键的弯曲振动小于 650cm^{-1}；Si—OH 键的伸缩振动 3700 ~ 3200cm^{-1}，Si—OH键的弯曲振动约为 1030cm^{-1}。

实验通过傅里叶红外光谱（FTIR）对白炭黑载入抗菌离子银和稀土元素铕后，各基团振动频率的变化情况进行表征。检测结果如图 3-36 所示。图 3-36*a* 为白炭黑的 FTIR 谱图，图3-36*b* 为 Eu-Ag 抗菌白炭黑的 FTIR 谱图。由图 3-36*a* 和图 3-36*b* 的比较可知，图 3-36*b* 中所有吸收峰均向高频方向移动。影响基团频率位移的内部因素有电效应（诱导效应、共轭效应、偶极场效

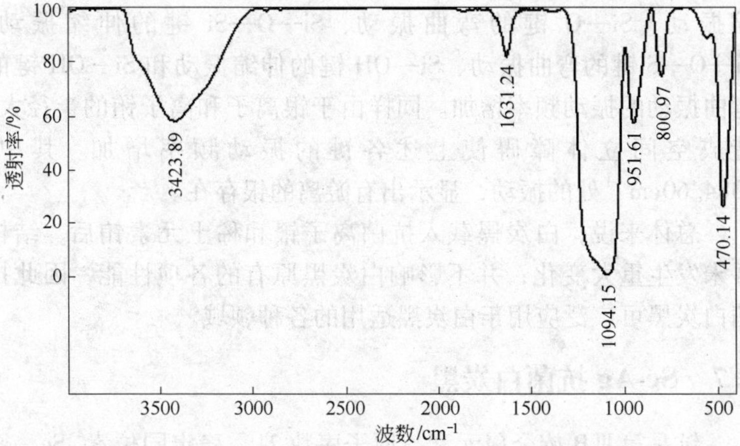

a

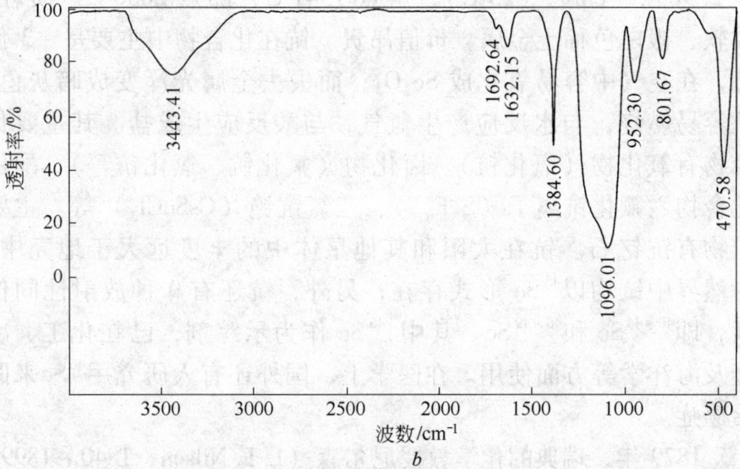

b

图 3-36　FTIR 谱图

a—白炭黑 FTIR 谱图；*b*—Eu-Ag 抗菌白炭黑 FTIR 谱图

应）、氢键、振动的耦合、费米共振、立体障碍（空间位阻）和环的张力。在Eu-Ag抗菌白炭黑中，基团频率发生位移的主要影响因素是电效应中的诱导效应和空间位阻。由于银和稀土元素铕的电负性大，通过静电诱导作用引起化学键电荷分布的变化，改变了键力常数而导致硅氧四面体骨架振动、Si—O键的伸缩振动、Si—O键的弯曲振动、Si—O—Si键的伸缩振动、Si—O—Si键的弯曲振动、Si—OH键的伸缩振动和Si—OH键的弯曲振动的振动频率增加。同样由于银离子和离子铕的半径大，造成空间立体障碍使上述各键的振动频率增加。其中，1384.60cm^{-1}处的振动，显示出有游离的银存在。

总体来说，白炭黑载入抗菌离子银和稀土元素铕后，结构并未发生重大变化，并不影响白炭黑原有的各项性能，因此抗菌白炭黑可广泛应用于白炭黑适用的各种领域。

3.7 Sc-Ag抗菌白炭黑

钪是第ⅢB族金属元素，原子序数21，稳定同位素^{45}Sc，密度2.989$g \cdot cm^{-3}$（25℃），熔点1541℃，沸点2836℃。质轻、柔软、银白色稀土金属，价值昂贵。钪在化合物中主要呈+3价态，在空气中容易氧化成Sc_2O_3，而失去金属光泽变成暗灰色。钪容易燃烧，与水反应产生氢气，与酸反应生成盐。其主要化合物有氧化物（氧化钪）、卤化物（氟化钪、氯化钪等）、配位化合物六氟化钪离子（ScF_6^{3-}）、三氯钪铯（$CsScCl_3$）等。主要矿物有钪钇石。钪在太阳和其他星体中的丰度远大于地壳中。自然界中钪均以^{45}Sc形式存在，另外，钪还有9种放射性同位素，即$^{40\sim44}Sc$和$^{46\sim49}Sc$。其中，^{46}Sc作为示踪剂，已在化工、冶金及海洋学等方面使用。在医学上，国外还有人研究用^{46}Sc来医治癌症。

1879年，瑞典的化学教授尼尔森（L. F. Nilson，1840～1899）和克莱夫（P. T. Cleve，1840～1905）差不多同时在稀有的矿物硅铍钇矿和黑稀金矿中找到了一种新元素。他们给这一元素定名为

"Scandium"（钪），钪就是门捷列夫当初所预言的"类硼"元素。他们的发现再次证明了元素周期律的正确性和门捷列夫的远见卓识。

钪比起钇和镧系元素来，由于离子半径特别小，氢氧化物的碱性也特别弱，因此，钪和稀土元素混在一起时，用氨（或极稀的碱）处理，钪将首先析出，故应用"分级沉淀"法可比较容易地把它从稀土元素中分离出来。另一种方法是利用硝酸盐的分极分解进行分离，由于硝酸钪最容易分解，从而达到分离的目的。用电解的方法可制得金属钪，在炼钪时将 $ScCl_3$、KCl、LiCl 共熔，以熔融的锌为阴极电解之，使钪在锌极上析出，然后将锌蒸去可得金属钪。另外，在加工矿石生产铀、钍和镧系元素时易回收钪。钨、锡矿中综合回收伴生的钪也是钪的重要来源之一。以金属钙还原氟化钪也可制得金属钪。

钪的主要用途有：（1）在冶金工业中，钪常用于制造合金（合金的添加剂），以改善合金的强度、硬度和耐热性能。如，在铁水中加入少量的钪，可显著改善铸铁的性能，少量的钪加入铝中，可改善其强度和耐热性。（2）在电子工业中，钪可用作各种半导体器件，如钪的亚硫酸盐在半导体中的应用已引起了国内外的注意，含钪的铁氧体在计算机磁芯中也颇有前途。（3）在化学工业上，用钪化合物作酒精脱氢及脱水剂，生产乙烯和用废盐酸生产氯时的高效催化剂。（4）在建筑上，钪很轻，但熔点比铝高很多，可代替铝用于制作各种飞行器。（5）在玻璃工业中，可以制造含钪的特种玻璃。（6）在电光源工业中，含钪和钠制成的钪钠灯，具有效率高和光色正的优点。

3.7.1 Sc-Ag 抗菌白炭黑的制备

将预热好的一部分水玻璃和小苏打注入恒温（90℃）反应器中，在 300 ~ 500r · min^{-1}转速下进行第 1 步反应。待第 1 步反应结束后，调低转速至 100 ~ 200r · min^{-1}，加入剩余的水玻璃，稍后加入剩余的小苏打进行第 2 步反应。调 pH 值至 1 ~ 3，反应

0.5h。向其中加入适量稀土固定剂和硝酸钪，待反应稳定后加入硝酸银，继续反应1~2h。反应结束后趁热抽滤，称量滤液体积并保存以备离子检测用。滤饼用分散剂处理后送烘箱，在120℃下进行干燥，将烘干的样品研碎，过200目筛子，所得即为Sc-Ag抗菌白炭黑。

3.7.2 反应条件与Sc-Ag抗菌白炭黑性能的关系

影响Sc-Ag抗菌白炭黑性能的因素很多，例如：反应温度、反应时间、稀土金属离子钪的浓度、反应液的pH值、搅拌器的转速等。下面仅从钪离子的浓度、反应温度、反应时间三方面进行介绍。

3.7.2.1 硝酸钪浓度对Sc-Ag抗菌白炭黑杀菌率的影响

在各种影响因素中钪离子的浓度是影响Sc-Ag抗菌白炭黑杀菌率的最主要的因素。为探讨钪离子浓度与材料杀菌率的关系，分别用0.0001mol·L^{-1}、0.0005mol·L^{-1}、0.001mol·L^{-1}、0.005mol·L^{-1}和0.01mol·L^{-1}浓度的硝酸钪进行实验（反应温度90℃，反应时间1h）。其结果如图3-37所示。

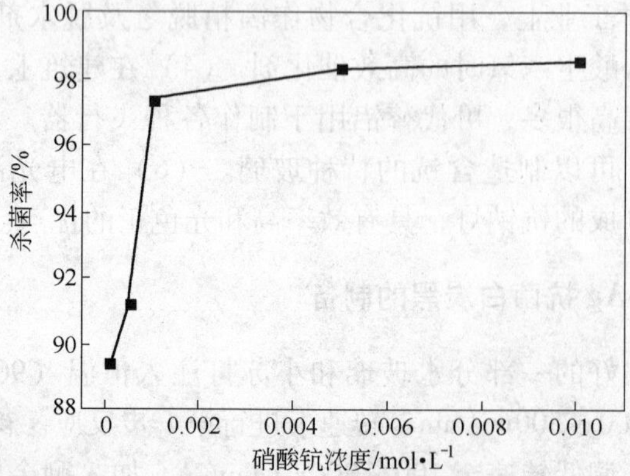

图3-37 硝酸钪浓度与Sc-Ag抗菌白炭黑杀菌率的关系

由图 3-37 可知，随着硝酸钪浓度的增大（由 0.0001mol · L^{-1} 增加到 0.01mol · L^{-1}），Sc-Ag 抗菌白炭黑的杀菌率逐渐增大。当硝酸钪浓度达到 0.005mol · L^{-1}时，再增大硝酸钪的浓度，杀菌率变化已不再明显。因此，制备 Sc-Ag 抗菌白炭黑时，硝酸钪的最佳浓度为 0.005mol · L^{-1}。

3.7.2.2 反应温度对 Sc-Ag 抗菌白炭黑堆密度的影响

为探讨反应温度与材料堆密度的关系，分别在 75℃、80℃、85℃、90℃和 95℃下进行实验（反应时间 1h，钪离子浓度 0.005mol · L^{-1}）。其结果如图 3-38 所示。

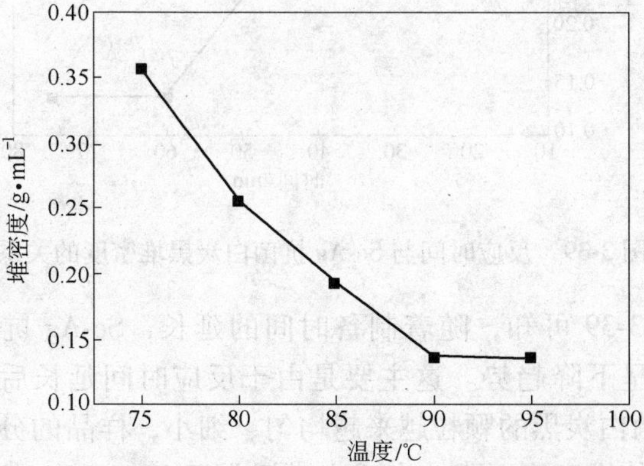

图 3-38 反应温度与 Sc-Ag 抗菌白炭黑堆密度的关系

由图 3-38 可知，随着制备温度的升高，Sc-Ag 抗菌白炭黑的堆密度呈下降趋势。这主要是由于温度升高后，生成的 Sc-Ag 抗菌白炭黑的颗粒越来越细，样品的分散性越来越好，致使堆密度下降。当反应温度小于 90℃时，Sc-Ag 抗菌白炭黑的堆密度受反应温度的影响比较显著；当反应温度达到 90℃时，堆密度的变化变得较平缓，所以制备 Sc-Ag 抗菌白炭黑的最佳温度是 90℃。

3.7.2.3 反应时间对 Sc-Ag 抗菌白炭黑堆密度的影响

反应时间是影响材料堆密度的主要因素之一。实验分别在15min、30min、45min、60min 和 75min 下进行（反应温度 90℃，钪离子浓度 0.005mol·L^{-1}）。其结果如图 3-39 所示。

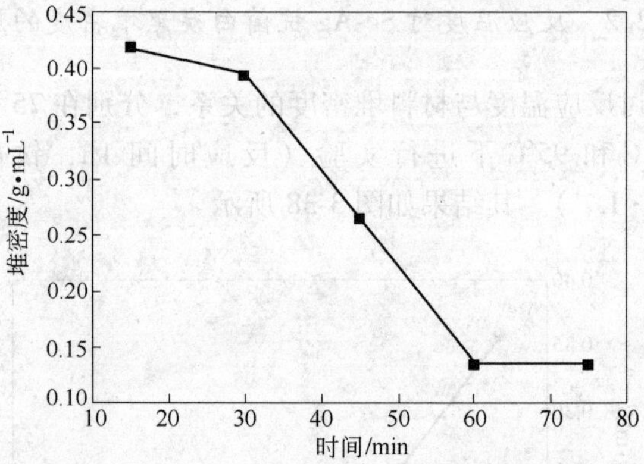

图 3-39 反应时间与 Sc-Ag 抗菌白炭黑堆密度的关系

由图 3-39 可知，随着制备时间的延长，Sc-Ag 抗菌白炭黑的堆密度呈下降趋势。这主要是由于反应时间延长后，生成的 Sc-Ag 抗菌白炭黑的颗粒越来越均匀、细小，样品的分散性越来越好，致使堆密度下降。当反应时间小于 60min 时，Sc-Ag 抗菌白炭黑的堆密度受反应温度的影响比较显著；当反应时间达到 60min 时，堆密度的变化变得较平缓。所以制备 Sc-Ag 抗菌白炭黑的最佳时间是 60min。

3.7.3 SEM 和 EDS 分析

实验通过扫描电镜（SEM）和能谱（EDS）对 Sc-Ag 抗菌白炭黑的组成、形态、结构等性能进行表征。检测结果如图 3-40和图 3-41 所示。图 3-40*a* 为白炭黑的 SEM 照片，图 3-40*b* 为 Sc-Ag 抗菌白炭黑的 SEM 照片。由图 3-40 可知，白炭黑和

Sc-Ag 抗菌白炭黑均为无定型结构，颗粒大小较均匀，结构松散，两者粒径大小相当。图 3-41 为图 3-40*b* 的 EDS 图片，其中图 3-41*a* 对应图 3-40*b* 中点 1，图 3-41*b* 对应图 3-40*b* 中点 2，图 3-41*c* 对应图 3-40*b* 中点 3。从图 3-41 可知，图 3-40 中点 1 为稀土元素钪，点 2 为金属银，点 3 为载体白炭黑。图 3-41*a* 和图 3-41*b* 显示，稀土元素钪与金属银存在共生现象，并且，银的存在较分散，每一处的含量不是很高。由此可知，实验制备的样

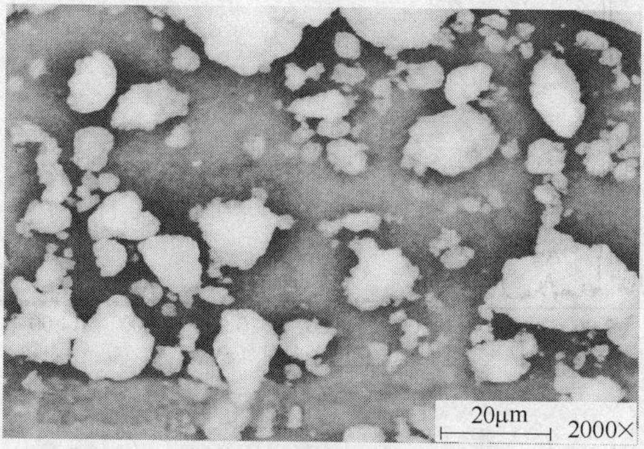

a

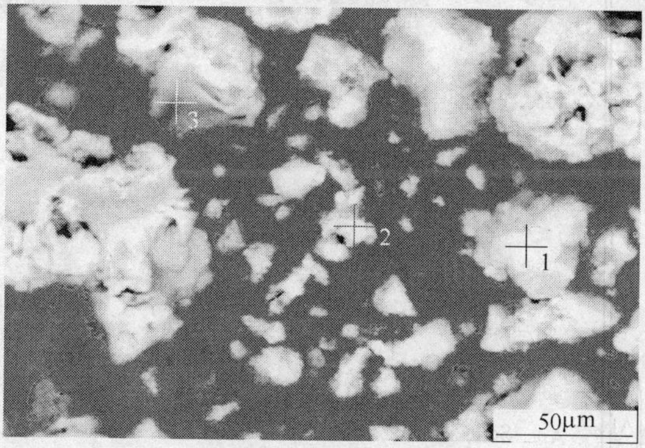

b

图 3-40　SEM 照片

a—白炭黑；*b*—Sc-Ag 抗菌白炭黑

品中确实含有稀土元素钪和金属银。并且，在材料中有一部分银和钪附着在载体白炭黑上，而有一部分则游离在材料中。

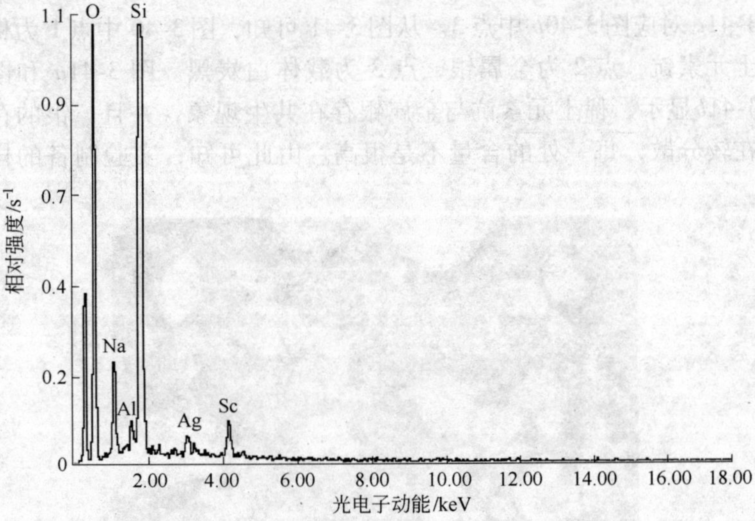

a

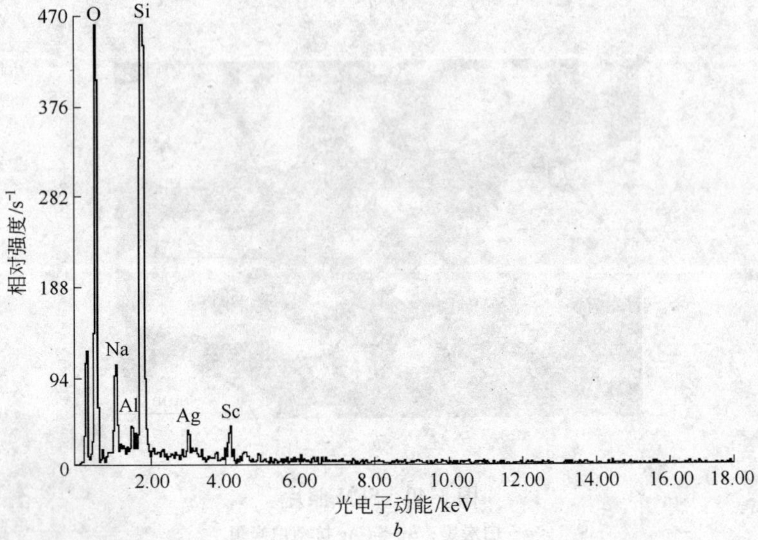

b

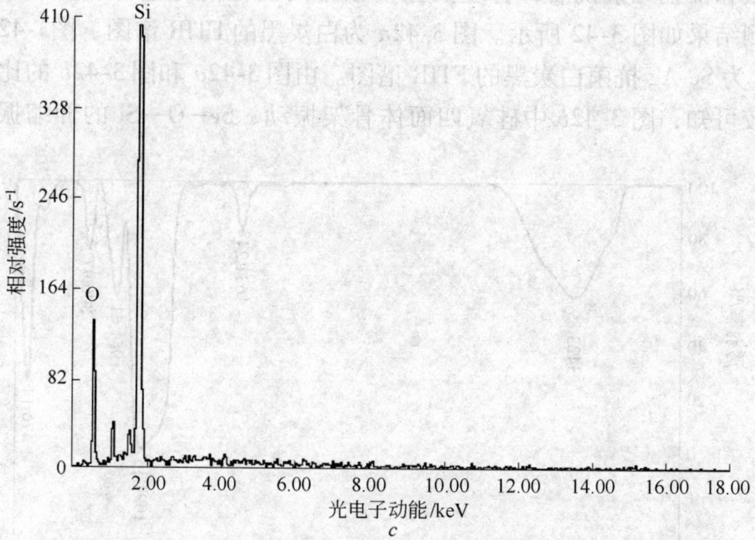

图 3-41　Sc-Ag 抗菌白炭黑 EDS 图

a—对应图 3-40*b* 中点 1；*b*—对应图 3-40*b* 中点 2；*c*—对应图 3-40*b* 中点 3

3.7.4　FTIR 分析

白炭黑中，硅氧基主要存在于脱除水分的白炭黑表面层上，除此之外，白炭黑微粒的表面层上还有—OH 基团存在，—OH 基团大致有 3 种类型：隔离羟基、相邻羟基、硅氧羟基。白炭黑的红外吸收光谱主要表现为 Si—O 键的伸缩振动和弯曲振动、Si—OH 键的伸缩振动和弯曲振动。以上各振动的红外吸收范围为：硅氧四面体骨架振动 1640 ~ 1620cm^{-1}；Si—O 键的伸缩振动 1110 ~ 1000cm^{-1}，Si—O 键的弯曲振动 900 ~ 600cm^{-1}；Si—O—Si键的伸缩振动 1090 ~ 1030cm^{-1}，Si—O—Si 键的弯曲振动小于 650cm^{-1}；Si—OH 键的伸缩振动 3700 ~ 3200cm^{-1}，Si—OH键的弯曲振动约为 1030cm^{-1}。

实验通过傅里叶红外光谱（FTIR）对白炭黑载入抗菌离子

银和稀土元素钪后，各基团振动频率的变化情况进行表征。检测结果如图 3-42 所示。图 3-42*a* 为白炭黑的 FTIR 谱图，图3-42*b* 为 Sc-Ag 抗菌白炭黑的 FTIR 谱图。由图 3-42*a* 和图 3-42*b* 的比较可知，图 3-42*b* 中硅氧四面体骨架振动、Si—O—Si 的伸缩振

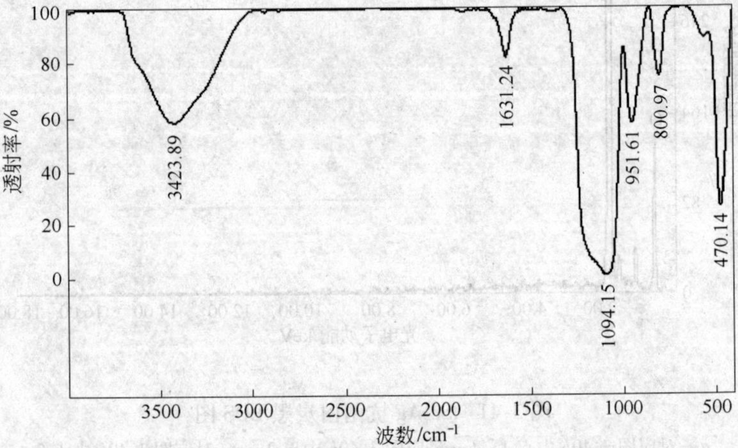

a

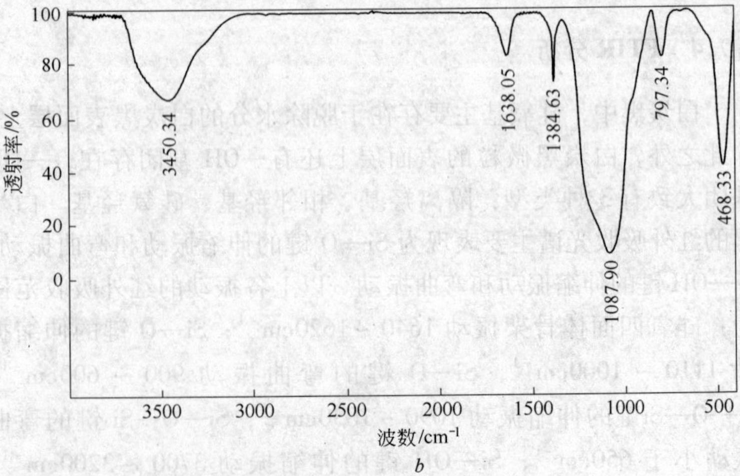

b

图 3-42　FTIR 谱图

a—白炭黑 FTIR 谱图；*b*—Sc-Ag 抗菌白炭黑 FTIR 谱图

动、Si—OH 键的伸缩振动和 Si—OH 键的弯曲振动的吸收峰均向高频方向移动。影响基团频率位移的内部因素有电效应（诱导效应、共轭效应、偶极场效应）、氢键、振动的耦合、费米共振、立体障碍（空间位阻）和环的张力。在 Sc-Ag 抗菌白炭黑中，基团频率发生位移的主要影响因素是电效应中的诱导效应和空间位阻。由于银和稀土元素钪的电负性大，通过静电诱导作用引起化学键电荷分布的变化，改变了键力常数而导致硅氧四面体骨架振动、Si—O—Si 键的伸缩振动、Si—OH 键的伸缩振动和 Si—OH 键的弯曲振动的振动频率增加。同样由于银离子和离子钪的半径大，造成空间立体障碍使上述各键的振动频率增加。其中，1384.63cm^{-1}处的振动，显示出有游离的银存在。

总体来说，白炭黑载入抗菌离子银和稀土元素钪后，结构并未发生重大变化，并不影响白炭黑原有的各项性能，因此抗菌白炭黑可广泛应用于白炭黑适用的各种领域。

4 重稀土-银系抗菌白炭黑

4.1 Gd-Ag 抗菌白炭黑

钆原子序数64，相对原子质量157.25，元素名来源于研究镧系元素有卓越贡献的芬兰科学家加多林。1880年瑞士的马里尼亚克分离出钆，1886年法国化学家布瓦博德朗制出纯净的钆并命名。钆在地壳中的含量为0.000636%，主要存在于独居石和氟碳铈矿中。地壳中含量为$7.7\times10^{-4}\%$，氧化态为+2价和+3价。金属钆为银白色金属，有延展性，熔点1313℃，沸点3266℃，密度$7.9004g\cdot cm^{-3}$。钆在室温下有磁性。

钆在干燥空气中比较稳定，在湿空气中失去光泽；能与水缓慢反应；溶于酸形成相应的盐。钆有最高的热中子俘获面，可用作反应堆控制材料和防护材料；用钆盐经磁化制冷可获得接近绝对零度的超低温。硝酸钆分子式为$Gd(NO_3)_3\cdot6H_2O$，是无色粒状结晶；易溶于水和醇，在潮湿空气中易潮解。

钆源自硅铍钆矿石，可由氟化钆（$GdF_3\cdot2H_2O$）用钙还原而制得，常用作原子反应堆中吸收中子的材料，也用于微波技术、彩色电视机的荧光粉。在潮湿的空气中变晦暗。溶于酸，不溶于水。氧化物为白色粉状。盐类无色。有良好的超导电性能、高磁矩及室温居里点等特殊性能。钆有以下同位素：^{152}Gd、$^{154\sim158}Gd$、^{160}Gd。

4.1.1 Gd-Ag 抗菌白炭黑的制备

将预热好的一部分水玻璃和小苏打注入恒温（90℃）反应器中，在$300\sim500r\cdot min^{-1}$转速下进行第1步反应。待第1步反应结束后，调低转速至$100\sim200r\cdot min^{-1}$，加入剩余的水玻璃，稍后加入剩余的小苏打进行第2步反应。调pH值至1~3，反应

0.5h。向其中加入适量稀土固定剂和硝酸钆，待反应稳定后加入硝酸银，继续反应1～2h。反应结束后趁热抽滤，称量滤液体积并保存以备离子检测用。滤饼用分散剂处理后送烘箱，在120℃下进行干燥，将烘干的样品研碎，过200目筛子，所得即为Gd-Ag抗菌白炭黑。

4.1.2 反应条件与Gd-Ag抗菌白炭黑性能的关系

影响Gd-Ag抗菌白炭黑性能的因素很多，例如：反应温度、反应时间、稀土金属离子钆的浓度、反应液的pH值、搅拌器的转速等。下面仅从钆离子的浓度、反应温度、反应时间三方面进行介绍。

4.1.2.1 硝酸钆浓度对Gd-Ag抗菌白炭黑杀菌率的影响

在各种影响因素中钆离子的浓度是影响Gd-Ag抗菌白炭黑杀菌率的最主要的因素。为探讨钆离子浓度与材料杀菌率的关系，分别用0.0001mol·L^{-1}、0.0005mol·L^{-1}、0.001mol·L^{-1}、0.005mol·L^{-1}和0.01mol·L^{-1}浓度的硝酸钆进行实验（反应温度90℃，反应时间1h）。其结果如图4-1所示。

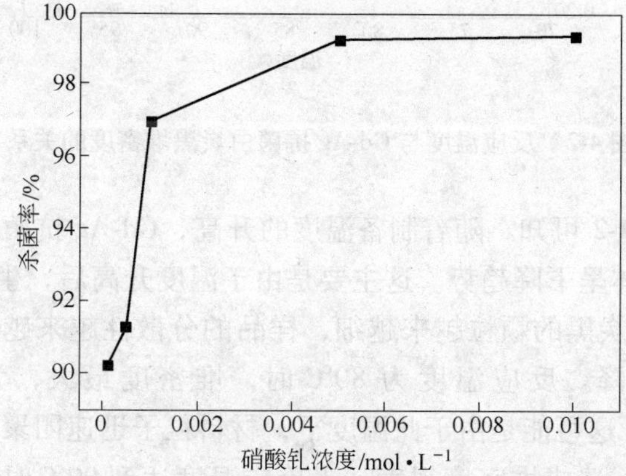

图4-1 硝酸钆浓度与Gd-Ag抗菌白炭黑杀菌率的关系

由图4-1可知，随着硝酸钆浓度的增大（由0.0001mol·L^{-1}增加到0.01mol·L^{-1}），Gd-Ag抗菌白炭黑的杀菌率逐渐增大。当硝酸钆浓度达到0.005mol·L^{-1}时，再增大硝酸钆的浓度，杀菌率变化已不再明显。因此，制备Gd-Ag抗菌白炭黑时，硝酸钆的最佳浓度为0.005mol·L^{-1}。

4.1.2.2 反应温度对Gd-Ag抗菌白炭黑堆密度的影响

为探讨反应温度与材料堆密度的关系，分别在75℃、80℃、85℃、90℃和95℃下进行实验（反应时间1h，钆离子浓度0.005mol·L^{-1}）。其结果如图4-2所示。

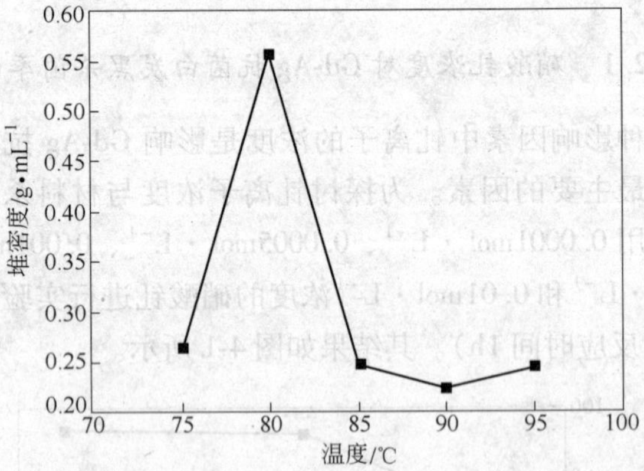

图4-2 反应温度与Gd-Ag抗菌白炭黑堆密度的关系

由图4-2可知，随着制备温度的升高，Gd-Ag抗菌白炭黑的堆密度总体呈下降趋势。这主要是由于温度升高后，生成的Gd-Ag抗菌白炭黑的颗粒越来越细，样品的分散性越来越好，致使堆密度下降。反应温度为80℃时，堆密度最大，为0.5551 g·mL^{-1}，这可能是由于此温度下，材料粒子迅速团聚致使颗粒迅速增大，造成堆密度很大。当反应温度达到90℃时，堆密度最小，而温度高于90℃时，堆密度则出现增大的趋势。所以制备 Gd-Ag 抗菌白炭黑的最佳温度是 90℃。

4.1.2.3 反应时间对 Gd-Ag 抗菌白炭黑堆密度的影响

反应时间是影响材料堆密度的主要因素之一。实验分别在 15min、30min、45min、60min 和 75min 下进行（反应温度 90℃，钆离子浓度 0.005mol · L^{-1}）。其结果如图 4-3 所示。

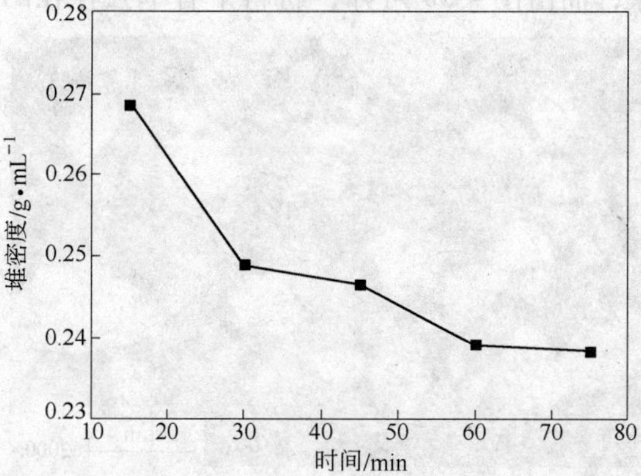

图 4-3 反应时间与 Gd-Ag 抗菌白炭黑堆密度的关系

由图 4-3 可知，随着制备时间的延长，Gd-Ag 抗菌白炭黑的堆密度呈下降趋势。这主要是由于反应时间延长后，生成的 Gd-Ag 抗菌白炭黑的颗粒越来越均匀、细小，样品的分散性越来越好，致使堆密度下降。当反应时间小于 60min 时，Gd-Ag 抗菌白炭黑的堆密度受反应温度的影响比较显著；当反应时间达到 60min 时，堆密度的变化变得较平缓。所以制备 Gd-Ag 抗菌白炭黑的最佳时间是 60min。

4.1.3 SEM 和 EDS 分析

实验通过扫描电镜（SEM）和能谱（EDS）对 Gd-Ag 抗菌白炭黑的组成、形态、结构等性能进行表征。检测结果如图 4-4 和图 4-5 所示。图 4-4*a* 为白炭黑的 SEM 照片，图 4-4*b* 为 Gd-Ag

抗菌白炭黑的 SEM 照片。由图 4-4 可知，白炭黑和 Gd-Ag 抗菌白炭黑均为无定型结构，颗粒大小较均匀，结构松散，两者粒径大小相当。图 4-5 为图 4-4*b* 的 EDS 图片，其中图 4-5*a* 对应图 4-4*b* 中点 1，图 4-5*b* 对应图 4-4*b* 中点 2，图 4-5*c* 对应图 4-4*b* 中点 3。从图 4-5 可知，图 4-4 中点 1 为稀土元素钆，点 2 为金属银，点 3 为载体白炭黑。图 4-5*a* 显示，稀土元素钆与金属银存在共生现象，而由图 4-5*b* 可知，材料中有单独存在的银。由此

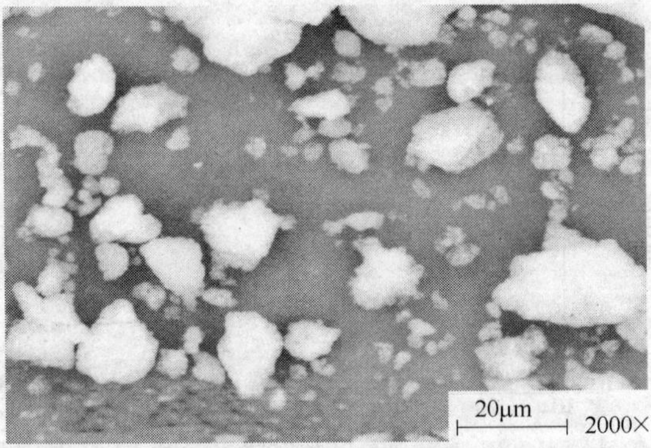

a

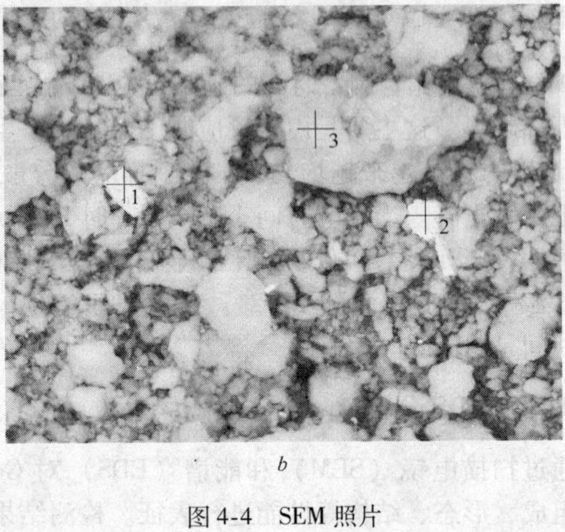

b

图 4-4　SEM 照片

a—白炭黑；*b*—Gd-Ag 抗菌白炭黑

可知，实验制备的样品中确实含有稀土元素钆和金属银。并且，在材料中有一部分银附着在载体白炭黑上，而有一部分则与稀土元素钆共生游离在材料中。

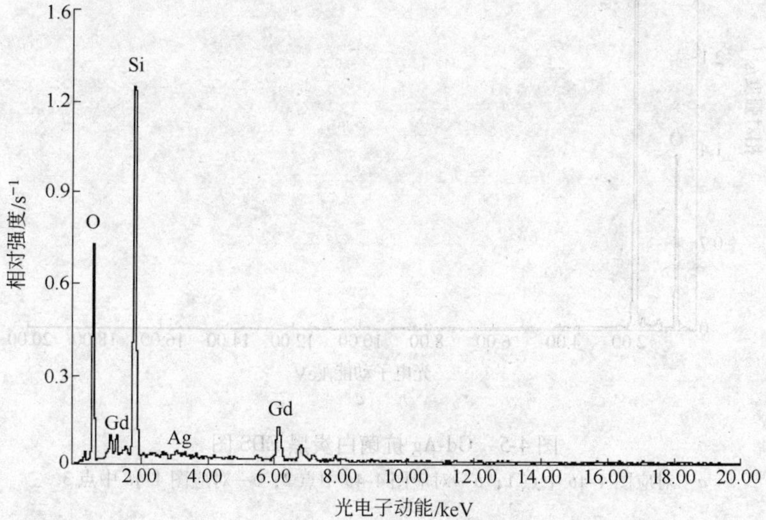

a

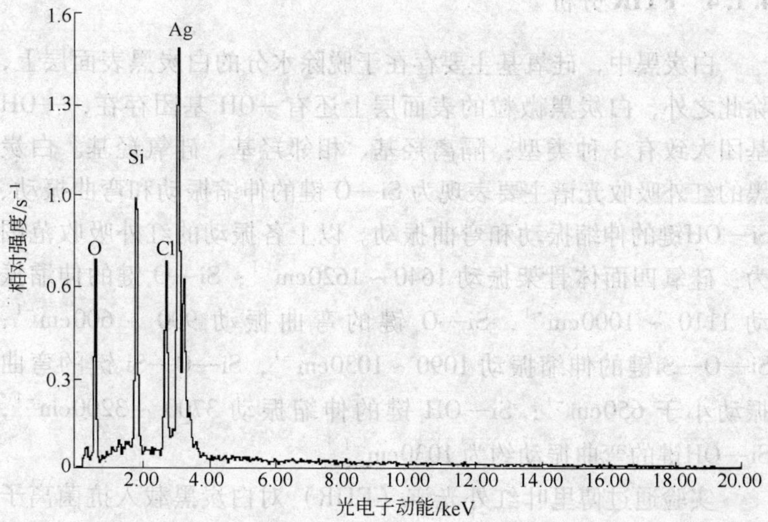

b

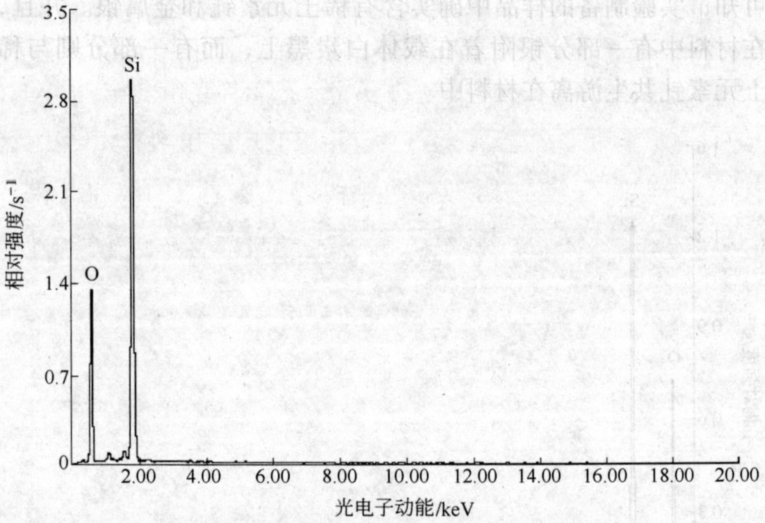

c

图 4-5　Gd-Ag 抗菌白炭黑 EDS 图

a—对应图 4-4*b* 中点 1；*b*—对应图 4-4*b* 中点 2；*c*—对应图 4-4*b* 中点 3

4.1.4　FTIR 分析

白炭黑中，硅氧基主要存在于脱除水分的白炭黑表面层上，除此之外，白炭黑微粒的表面层上还有—OH 基团存在，—OH 基团大致有 3 种类型：隔离羟基、相邻羟基、硅氧羟基。白炭黑的红外吸收光谱主要表现为 Si—O 键的伸缩振动和弯曲振动、Si—OH键的伸缩振动和弯曲振动。以上各振动的红外吸收范围为：硅氧四面体骨架振动 1640 ~ 1620cm^{-1}；Si—O 键的伸缩振动 1110 ~ 1000cm^{-1}，Si—O 键的弯曲振动 900 ~ 600cm^{-1}；Si—O—Si键的伸缩振动 1090 ~ 1030cm^{-1}，Si—O—Si 键的弯曲振动小于 650cm^{-1}；Si—OH 键的伸缩振动 3700 ~ 3200cm^{-1}，Si—OH键的弯曲振动约为 1030cm^{-1}。

实验通过傅里叶红外光谱（FTIR）对白炭黑载入抗菌离子银和稀土元素钆后，各基团振动频率的变化情况进行表征。检测结果如图 4-6 所示。图 4-6*a* 为白炭黑的 FTIR 谱图，图 4-6*b* 为 Gd-Ag 抗菌白炭黑的 FTIR 谱图。由图 4-6*a* 和图 4-6*b* 的比较可知，图 4-6*b* 中硅氧四面体骨架振动、Si—O 键的伸缩振动、Si—O—Si 键的伸缩振动、Si—O—Si 键的弯曲振动、Si—OH 键的伸缩振动和 Si—OH 键的弯曲振动的吸收峰均向高频方向移

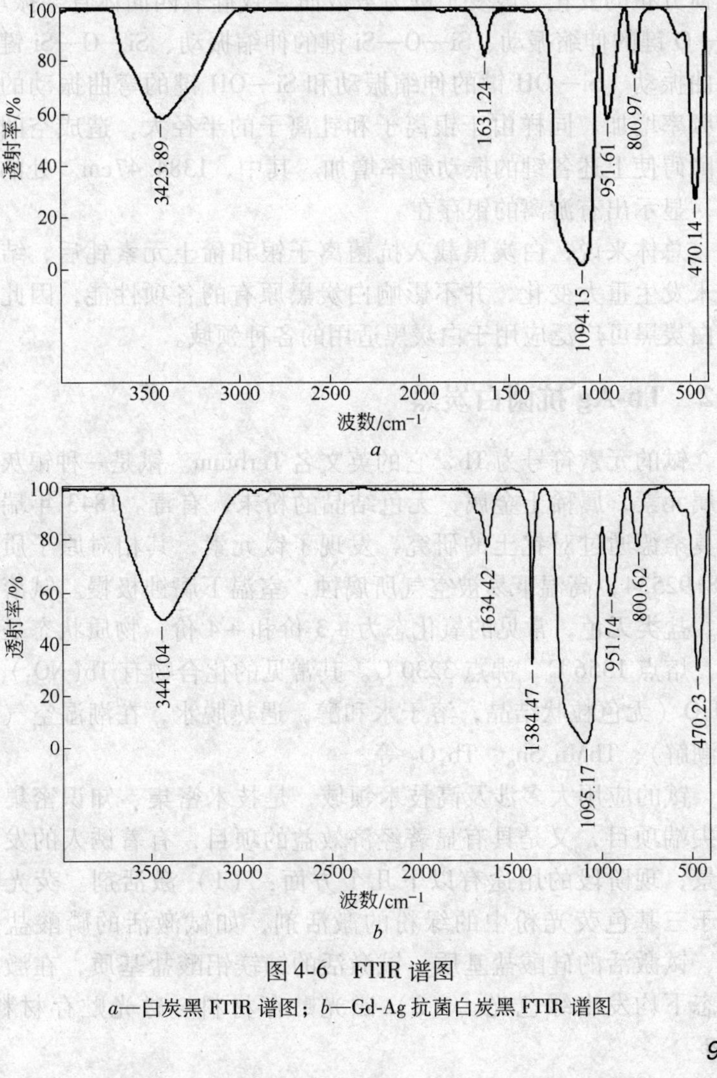

图 4-6　FTIR 谱图

a—白炭黑 FTIR 谱图；*b*—Gd-Ag 抗菌白炭黑 FTIR 谱图

动。影响基团频率位移的内部因素有电效应（诱导效应、共轭效应、偶极场效应）、氢键、振动的耦合、费米共振、立体障碍（空间位阻）和环的张力。在 Gd-Ag 抗菌白炭黑中，基团频率发生位移的主要影响因素是电效应中的诱导效应和空间位阻。由于银和稀土元素钆的电负性大，通过静电诱导作用引起化学键电荷分布的变化，改变了键力常数而导致硅氧四面体骨架振动、Si—O 键的伸缩振动、Si—O—Si 键的伸缩振动、Si—O—Si 键的弯曲振动、Si—OH 键的伸缩振动和 Si—OH 键的弯曲振动的振动频率增加。同样由于银离子和钆离子的半径大，造成空间立体障碍使上述各键的振动频率增加。其中，1384.47cm^{-1}处的振动，显示出有游离的银存在。

总体来说，白炭黑载入抗菌离子银和稀土元素钆后，结构并未发生重大变化，并不影响白炭黑原有的各项性能，因此抗菌白炭黑可广泛应用于白炭黑适用的各种领域。

4.2 Tb-Ag 抗菌白炭黑

铽的元素符号为 Tb，它的英文名 Terbium。铽是一种银灰色金属元素，属稀土金属，无色结晶的粉末，有毒。1843 年瑞典的莫桑德通过对钇土的研究，发现了铽元素，其相对原子质量 158.92534，高温下易被空气所腐蚀，室温下腐蚀极慢。铽溶于酸，盐类无色，常见的氧化态为 +3 价和 +4 价，物质状态是固态，熔点 1356℃，沸点 3230℃。其常见的化合物有 $Tb(NO_3)_3 \cdot 6H_2O$（无色粒状结晶，溶于水和醇，遇热脱水，在潮湿空气中易潮解）、$TbMn_6Sn_6$、Tb_4O_7 等。

铽的应用大多涉及高技术领域，是技术密集、知识密集型的尖端项目，又是具有显著经济效益的项目，有着诱人的发展前景，现阶段的用途有以下几个方面：（1）激活剂。荧光粉用于三基色荧光粉中的绿粉的激活剂，如铽激活的磷酸盐基质、铽激活的硅酸盐基质、铽激活的铈镁铝酸盐基质，在激发状态下均发出绿色光。（2）磁光贮存材料。磁光贮存材料，近年来铽系磁光材料已达到大量生产的规模，用Tb-Fe非晶态薄膜研制的磁光光盘，作计算机存储元件，存储能力提高10～15倍。（3）磁光玻璃含铽的法拉第旋光玻璃是制造在激光技术中广泛应用的旋转器、隔离器和环形器的关键材料。特别是铽镝铁磁致伸缩合金（Terfenol）的开发研制，更是开辟了铽的新用途，Terfenol是20世纪70年代发现的新型材料，该合金中有一半成分为铽和镝，有时加入钬，其余为铁，该合金由美国依阿华州阿姆斯实验室首先研制，当Terfenol置于一个磁场中时，其尺寸的变化比一般磁性材料变化大，这种变化可以使一些精密机械运动得以实现。铽镝铁开始主要用于声呐，目前已广泛应用于多种领域，从燃料喷射系统、液体阀门控制、微定位到机械制动器、太空望远镜的调节机构和飞机机翼调节器等领域。

4.2.1 Tb-Ag抗菌白炭黑的制备

将预热好的一部分水玻璃和小苏打注入恒温（90℃）反应器中，在300～500r·min^{-1}转速下进行第1步反应。待第1步反应结束后，调低转速至100～200r·min^{-1}，加入剩余的水玻璃，稍后加入剩余的小苏打进行第2步反应。调pH值至1～3，反应0.5h。向其中加入适量稀土固定剂和硝酸铽，待反应稳定后加入硝酸银，继续反应1～2h。反应结束后趁热抽滤，称量滤液体积并保存以备离子检测用。滤饼用分散剂处理后送烘箱，在120℃下进行干燥，将烘干的样品研碎，过200目筛子，所得即为Tb-Ag抗菌白炭黑。

4.2.2 反应条件与Tb-Ag抗菌白炭黑性能的关系

影响Tb-Ag抗菌白炭黑性能的因素很多，例如：反应温度、反应时间、稀土金属离子铽的浓度、反应液的pH值、搅拌器的转速等。下面仅从铽离子的浓度、反应温度、反应时间三方面进行介绍。

4.2.2.1　硝酸铽浓度对 Tb-Ag 抗菌白炭黑杀菌率的影响

在各种影响因素中铽离子的浓度是影响 Tb-Ag 抗菌白炭黑杀菌率的最主要的因素。为探讨铽离子浓度与材料杀菌率的关系，分别用 0.0001mol · L^{-1}、0.0005mol · L^{-1}、0.001mol · L^{-1}、0.005mol · L^{-1}和 0.01mol · L^{-1}浓度的硝酸铽进行实验（反应温度 90℃，反应时间 1h）。其结果如图 4-7 所示。

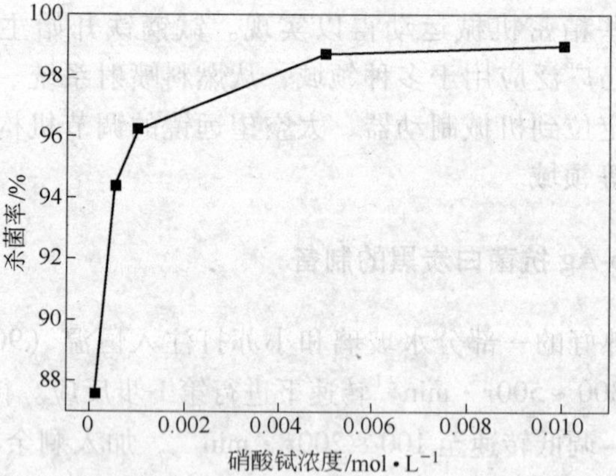

图 4-7　硝酸铽浓度与 Tb-Ag 抗菌白炭黑杀菌率的关系

由图 4-7 可知，随着硝酸铽浓度的增大（由 0.0001mol · L^{-1}增加到 0.01mol · L^{-1}），Tb-Ag 抗菌白炭黑的杀菌率逐渐增大。当硝酸铽浓度达到 0.005mol · L^{-1}时，再增大硝酸铽的浓度，杀菌率变化已不再明显。因此，制备 Tb-Ag 抗菌白炭黑时，硝酸铽的最佳浓度为 0.005mol · L^{-1}。

4.2.2.2　反应温度对 Tb-Ag 抗菌白炭黑堆密度的影响

为探讨反应温度与材料堆密度的关系，分别在 75℃、80℃、

85℃、90℃和95℃下进行实验（反应时间1h，铽离子浓度0.005mol·L^{-1}）。其结果如图4-8所示。

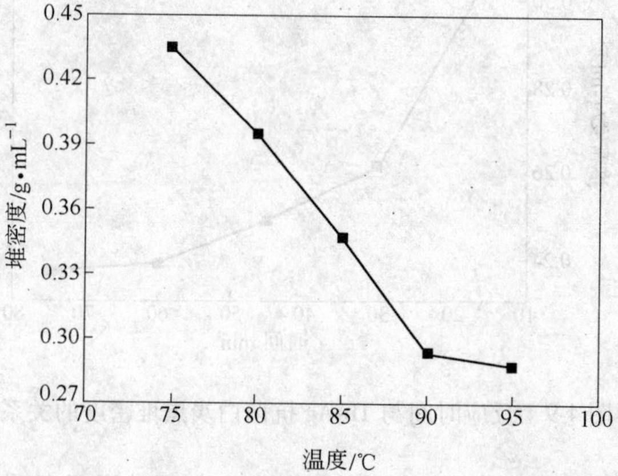

图4-8　反应温度与Tb-Ag抗菌白炭黑堆密度的关系

由图4-8可知，随着制备温度的升高，Tb-Ag抗菌白炭黑的堆密度呈下降趋势。这主要是由于温度升高后，生成的Tb-Ag抗菌白炭黑的颗粒越来越细，样品的分散性越来越好，致使堆密度下降。当反应温度小于90℃时，Tb-Ag抗菌白炭黑的堆密度受反应温度的影响比较显著；当反应温度达到90℃时，堆密度的变化变得较平缓，所以制备Tb-Ag抗菌白炭黑的最佳温度是90℃。

4.2.2.3　反应时间对Tb-Ag抗菌白炭黑堆密度的影响

反应时间是影响材料堆密度的主要因素之一。实验分别在15min、30min、45min、60min和75min下进行（反应温度90℃，铽离子浓度0.005mol·L^{-1}）。其结果如图4-9所示。

由图4-9可知，随着制备时间的延长，Tb-Ag抗菌白炭黑的堆密度呈下降趋势。这主要是由于反应时间延长后，生成的

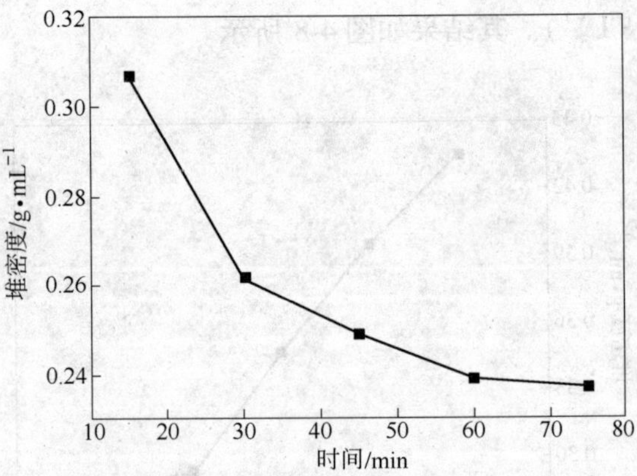

图 4-9　反应时间与 Tb-Ag 抗菌白炭黑堆密度的关系

Tb-Ag抗菌白炭黑的颗粒越来越均匀、细小，样品的分散性越来越好，致使堆密度下降。当反应时间小于 60min 时，Tb-Ag 抗菌白炭黑的堆密度受反应温度的影响比较显著；当反应时间达到 60min 时，堆密度的变化变得较平缓，所以制备 Tb-Ag 抗菌白炭黑的最佳时间是 60min。

4.2.3　SEM 和 EDS 分析

实验通过扫描电镜（SEM）和能谱（EDS）对 Tb-Ag 抗菌白炭黑的组成、形态、结构等性能进行表征。检测结果如图4-10 和图 4-11 所示。图 4-10*a* 为白炭黑的 SEM 照片，图 4-10*b* 为 Tb-Ag 抗菌白炭黑的 SEM 照片。由图 4-10 可知，白炭黑和 Tb-Ag 抗菌白炭黑均为无定型结构，颗粒大小较均匀，结构松散，两者粒径大小相当。图 4-11 为图 4-10*b* 的 EDS 图片，其中图 4-11*a* 对应图 4-10*b* 中点 1，图 4-11*b* 对应图 4-10*b* 中点 2，图 4-11*c* 对应图 4-10*b* 中点 3。从图 4-11 可知，图 4-10 中点 1 为稀土元素铽，点 2 为金属银，点 3 为载体白炭黑。图 4-11*a* 显示，稀土元素铽在材料中单独存在，并未与金属银存在共生现象，而由图

4-11b 可知，材料中的银是附着在载体白炭黑上的。由此可知，实验制备的样品中确实含有稀土元素铽和金属银。并且，在材料中银是附着在载体白炭黑上的，而稀土元素铽则是单独游离在材料中。

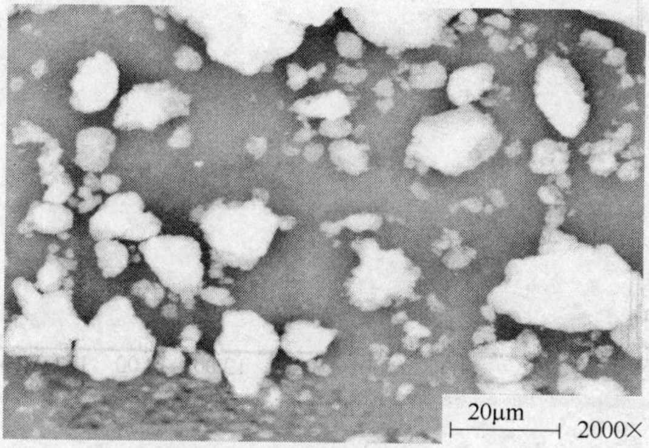

a

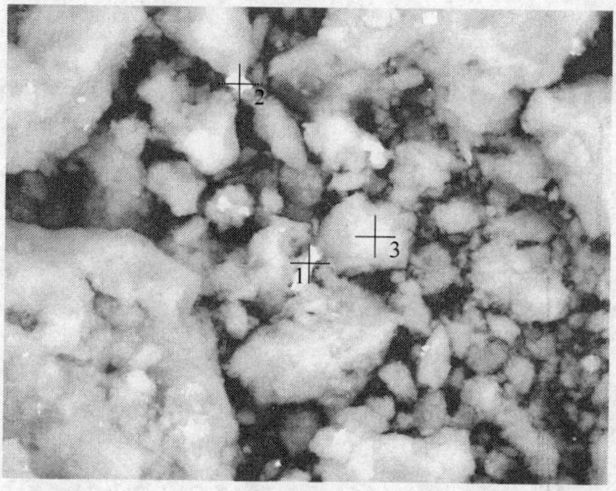

b

图 4-10　SEM 照片

a—白炭黑；*b*—Tb-Ag 抗菌白炭黑

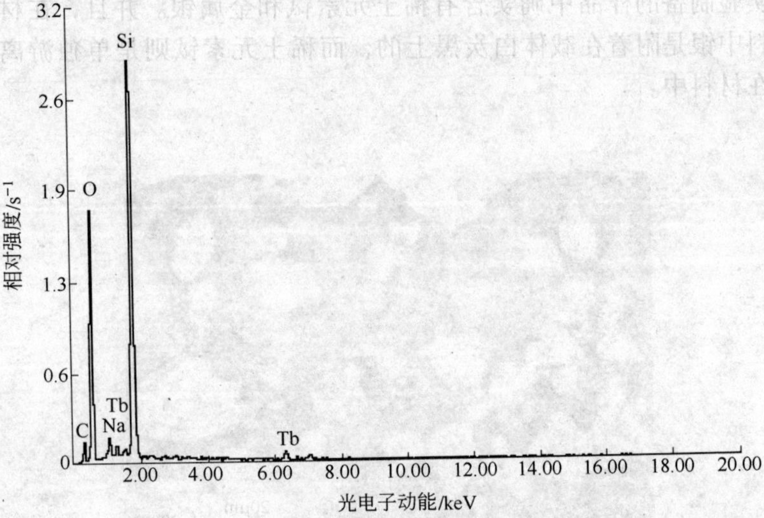

a

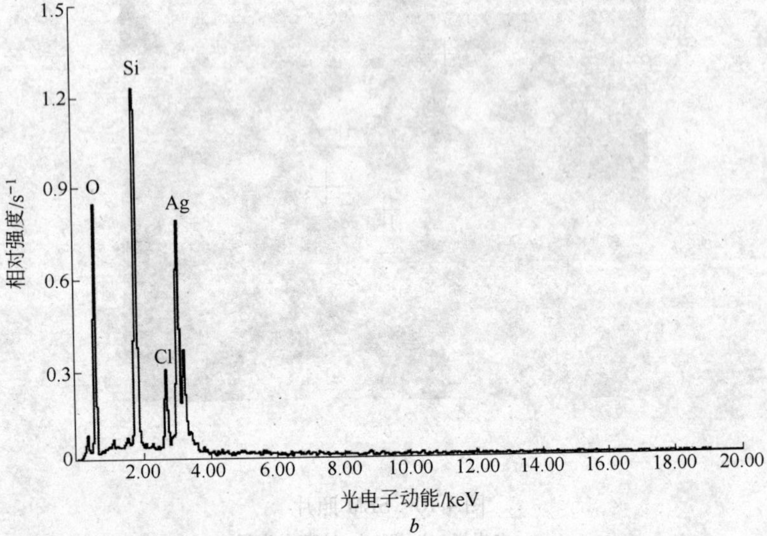

b

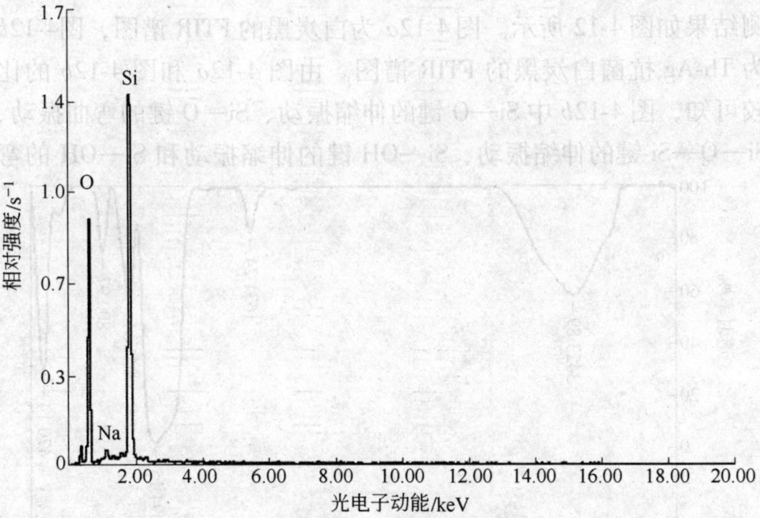

c

图 4-11　Tb-Ag 抗菌白炭黑 EDS 图

a—对应图 4-10*b* 中点 1；*b*—对应图 4-10*b* 中点 2；*c*—对应图 4-10*b* 中点 3

4.2.4　FTIR 分析

白炭黑中，硅氧基主要存在于脱除水分的白炭黑表面层上，除此之外，白炭黑微粒的表面层上还有—OH 基团存在，—OH 基团大致有 3 种类型：隔离羟基、相邻羟基、硅氧羟基。白炭黑的红外吸收光谱主要表现为 Si—O 键的伸缩振动和弯曲振动、Si—OH 键的伸缩振动和弯曲振动。以上各振动的红外吸收范围为：硅氧四面体骨架振动 1640 ~ 1620cm^{-1}；Si—O 键的伸缩振动 1110 ~ 1000cm^{-1}，Si—O 键的弯曲振动 900 ~ 600cm^{-1}；Si—O—Si键的伸缩振动 1090 ~ 1030cm^{-1}，Si—O—Si 键的弯曲振动小于 650cm^{-1}；Si—OH 键的伸缩振动 3700 ~ 3200cm^{-1}，Si—OH键的弯曲振动约为 1030cm^{-1}。

实验通过傅里叶红外光谱（FTIR）对白炭黑载入抗菌离子

银和稀土元素铽后，各基团振动频率的变化情况进行表征。检测结果如图4-12所示。图4-12*a*为白炭黑的FTIR谱图，图4-12*b*为Tb-Ag抗菌白炭黑的FTIR谱图。由图4-12*a*和图4-12*b*的比较可知，图4-12*b*中Si—O键的伸缩振动、Si—O键的弯曲振动、Si—O—Si键的伸缩振动、Si—OH键的伸缩振动和Si—OH的弯

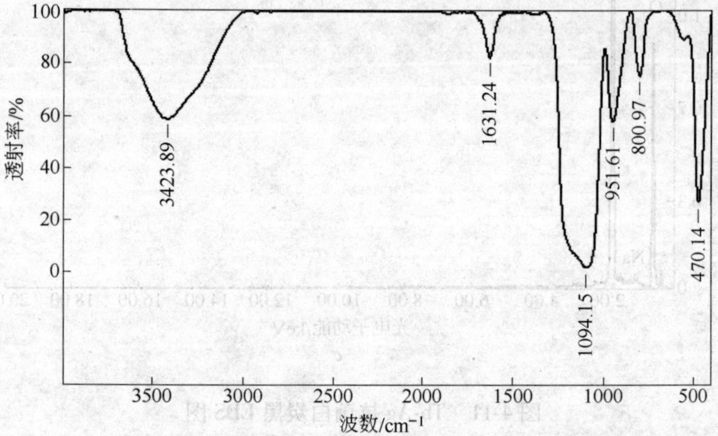

a

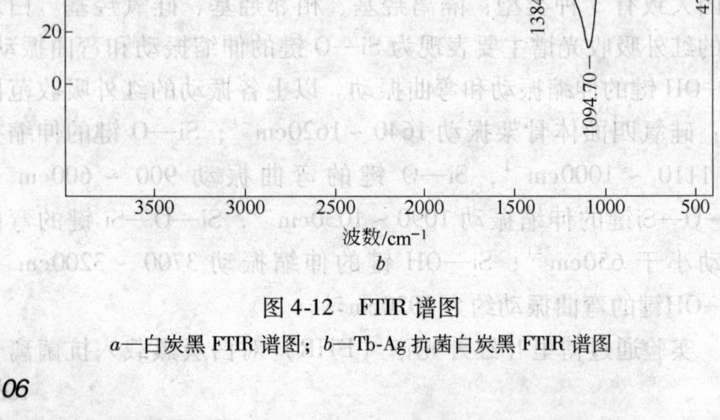

b

图4-12 FTIR谱图

a—白炭黑FTIR谱图；*b*—Tb-Ag抗菌白炭黑FTIR谱图

曲振动的吸收峰均向高频方向移动。影响基团频率位移的内部因素有电效应（诱导效应、共轭效应、偶极场效应）、氢键、振动的耦合、费米共振、立体障碍（空间位阻）和环的张力。在Tb-Ag抗菌白炭黑中，基团频率发生位移的主要影响因素是电效应中的诱导效应和空间位阻。由于银和稀土元素铽的电负性大，通过静电诱导作用引起化学键电荷分布的变化，改变了键力常数而导致Si—O键的伸缩振动、Si—O键的弯曲振动、Si—O—Si键的伸缩振动、Si—OH键的伸缩振动和Si—OH键的弯曲振动的振动频率增加。同样由于银离子和铽离子的半径大，造成空间立体障碍使上述各键的振动频率增加。其中，1384.46cm^{-1}处的振动，显示出有游离的银存在。

总体来说，白炭黑载入抗菌离子银和稀土元素铽后，结构并未发生重大变化，并不影响白炭黑原有的各项性能，因此抗菌白炭黑可广泛应用于白炭黑适用的各种领域。

4.3 Dy-Ag抗菌白炭黑

镝的元素符号为Dy，原子序数66，相对原子质量162.50，外围电子排布$4f^{10}6s^{3}$，位于第六周期ⅢB族。原子半径177.3 × 10^{-4}%，电负性为1.2，主要氧化态为+3价。镝是一种有光泽、有延展性、有顺磁性的质软的金属。其密度8.55$g\cdot cm^{-3}$，熔点1412℃，沸点2562℃。镝在常温下空气中稳定，能保持金属光泽，高温时容易被氧化。镝与水缓慢地反应、溶于稀酸。镝用于生产荧光粉、珐琅和釉，也用于制造红外线发生器材和激光器材，以及原子能工业。1886年法国人布瓦博德朗分离不纯氧化钬时发现了镝，用金属钙还原氟化镝制得。

镝常见的化合物有硝酸化合物、氧化物。硝酸镝化学式为$Dy(NO_3)_3$，一般含6个结晶水，它是一种浅绿色粒状结晶，溶于水和醇，遇热脱水，在潮湿空气中易潮解，主要用于中间化合物、化学试剂等行业。

镝的最主要用途是：(1) 作为钕铁硼系永磁体的添加剂使

用，在这种磁体中添加2%～3%左右的镝，可提高其矫顽力。过去镝的需求量不大，但随着钕铁硼磁体需求的增加，它成为必要的添加元素，需求也在迅速增加，其品位必须在95%～99.9%左右。(2) 镝用作荧光粉激活剂，三价镝是一种有前途的单发光中心三基色发光材料的激活离子，它主要由两个发射带组成，一为黄光发射另一为蓝光发射，掺镝的发光材料可作为三基色荧光粉。(3) 镝是制备大磁致伸缩合金铽镝铁（Terfenol）合金的必要的金属原料，能使一些机械运动的精密活动得以实现。(4) 镝金属可用作磁光存储材料，具有较高的记录速度和读数敏感度。(5) 用于镝灯的制备，在镝灯中采用的工作物质是碘化镝，这种灯具有亮度大、颜色好、色温高、体积小、电弧稳定等优点，已用于电影、印刷等照明光源。(6) 由于镝元素具有中子俘获截面积大的特性，在原子能工业中用来测定中子能谱或做中子吸收剂。(7) $Dy_3Al_5O_{12}$还可用作磁致冷用磁性工作物质。随着科学技术的发展，镝的应用领域将会不断的拓展和延伸。

4.3.1 Dy-Ag抗菌白炭黑的制备

将预热好的一部分水玻璃和小苏打注入恒温（90℃）反应器中，在300～500r·min^{-1}转速下进行第1步反应。待第1步反应结束后，调低转速至100～200r·min^{-1}，加入剩余的水玻璃，稍后加入剩余的小苏打进行第2步反应。调pH值至1～3，反应0.5h。向其中加入适量稀土固定剂和硝酸镝，待反应稳定后加入硝酸银，继续反应1～2h。反应结束后趁热抽滤，称量滤液体积并保存以备离子检测用。滤饼用分散剂处理后送烘箱，在120℃下进行干燥，将烘干的样品研碎，过200目筛子，所得即为Dy-Ag抗菌白炭黑。

4.3.2 反应条件与Dy-Ag抗菌白炭黑性能的关系

影响Dy-Ag抗菌白炭黑性能的因素很多，例如：反应温度、反应时间、稀土金属离子镝的浓度、反应液的pH值、搅拌器的转速等。下面仅从镝离子的浓度、反应温度、反应时间三方面进行介绍。

4.3.2.1 硝酸镝浓度对 Dy-Ag 抗菌白炭黑杀菌率的影响

在各种影响因素中镝离子的浓度是影响 Dy-Ag 抗菌白炭黑杀菌率的最主要的因素。为探讨镝离子浓度与材料杀菌率的关系，分别用 0.0001mol·L^{-1}、0.0005mol·L^{-1}、0.001mol·L^{-1}、0.005mol·L^{-1}和 0.01mol·L^{-1}浓度的硝酸镝进行实验（反应温度 90℃，反应时间 1h）。其结果如图 4-13 所示。

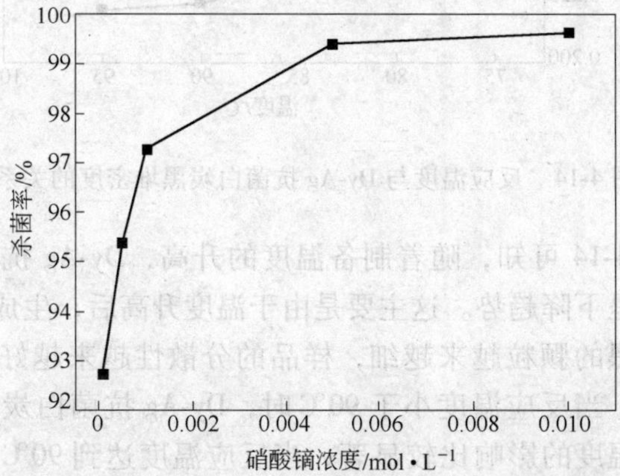

图 4-13 硝酸镝浓度与 Dy-Ag 抗菌白炭黑杀菌率的关系

由图 4-13 可知，随着硝酸镝浓度的增大（由 0.0001mol·L^{-1}增加到 0.01mol·L^{-1}），Dy-Ag 抗菌白炭黑的杀菌率逐渐增大。当硝酸镝浓度达到 0.005mol·L^{-1}时，再增大硝酸镝的浓度，杀菌率变化已不再明显。因此，制备 Dy-Ag 抗菌白炭黑时，硝酸镝的最佳浓度为 0.005mol·L^{-1}。

4.3.2.2 反应温度对 Dy-Ag 抗菌白炭黑堆密度的影响

为探讨反应温度与材料堆密度的关系，分别在 75℃、80℃、

85℃、90℃和95℃下进行实验（反应时间1h，镝离子浓度0.005mol·L^{-1}）。其结果如图4-14所示。

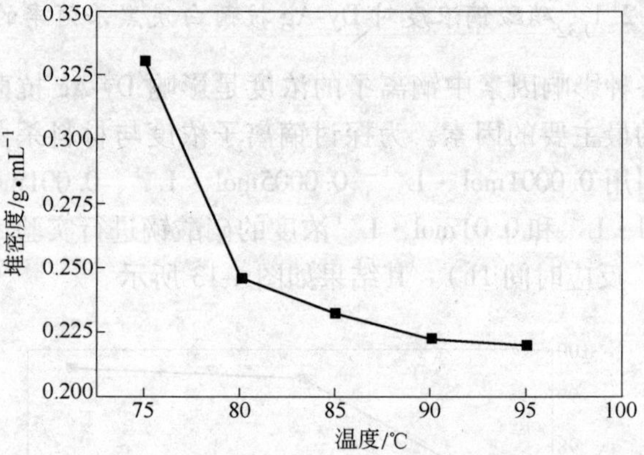

图4-14　反应温度与Dy-Ag抗菌白炭黑堆密度的关系

由图4-14可知，随着制备温度的升高，Dy-Ag抗菌白炭黑的堆密度呈下降趋势。这主要是由于温度升高后，生成的Dy-Ag抗菌白炭黑的颗粒越来越细，样品的分散性越来越好，致使堆密度下降。当反应温度小于90℃时，Dy-Ag抗菌白炭黑的堆密度受反应温度的影响比较显著；当反应温度达到90℃时，堆密度的变化变得较平缓，所以制备Dy-Ag抗菌白炭黑的最佳温度是90℃。

4.3.2.3　反应时间对Dy-Ag抗菌白炭黑堆密度的影响

反应时间是影响材料堆密度的主要因素之一。实验分别在15min、30min、45min、60min和75min下进行（反应温度90℃，镝离子浓度0.005mol·L^{-1}）。其结果如图4-15所示。

由图4-15可知，随着制备时间的延长，Dy-Ag抗菌白炭黑的堆密度呈下降趋势。这主要是由于反应时间延长后，生成的Dy-Ag抗菌白炭黑的颗粒越来越均匀、细小，样品的分散性越来

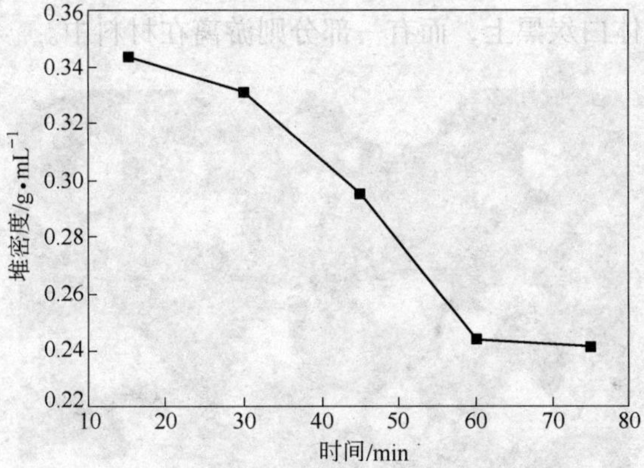

图 4-15　反应时间与 Dy-Ag 抗菌白炭黑堆密度的关系

越好，致使堆密度下降。当反应时间小于 60min 时，Dy-Ag 抗菌白炭黑的堆密度受反应温度的影响比较显著；当反应时间达到 60min 时，堆密度的变化变得较平缓，所以制备 Dy-Ag 抗菌白炭黑的最佳时间是 60min。

4.3.3　SEM 和 EDS 分析

实验通过扫描电镜（SEM）和能谱（EDS）对 Dy-Ag 抗菌白炭黑的组成、形态、结构等性能进行表征。检测结果如图4-16 和图 4-17 所示。图 4-16*a* 为白炭黑的 SEM 照片，图 4-16*b* 为 Dy-Ag 抗菌白炭黑的 SEM 照片。由图 4-16 可知，白炭黑和 Dy-Ag 抗菌白炭黑均为无定型结构，颗粒大小较均匀，结构松散，两者粒径大小相当。图 4-17 为图 4-16*b* 的 EDS 图片，其中图 4-17*a* 对应图 4-16*b* 中点 1，图 4-17*b* 对应图 4-16*b* 中点 2，图 4-17*c* 对应图 4-16*b* 中点 3。从图 4-17 可知，图 4-16 中点 1 为稀土元素镝，点 2 为金属银，点 3 为载体白炭黑。图 4-17*a* 和图 4-17*b* 显示，稀土元素镝与金属银存在共生现象，并且，银的存在较分散，每一处的含量不是很高。由此可知，实验制备的样品中确实含有稀土元素镝和金属银，并且，在材料中有一部分银和镝附着在载体白炭黑上，而有一部分则游离在材料中。

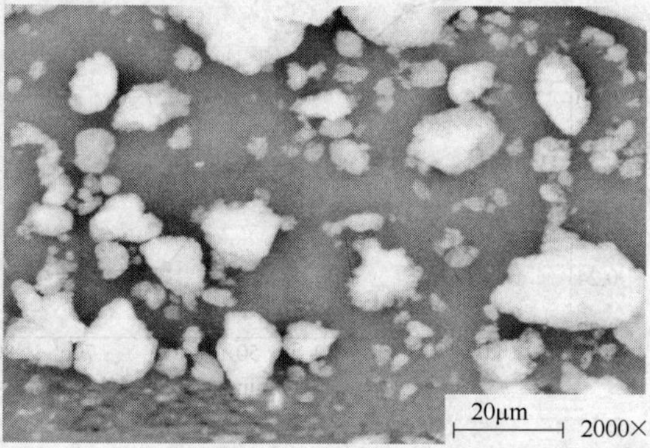

a

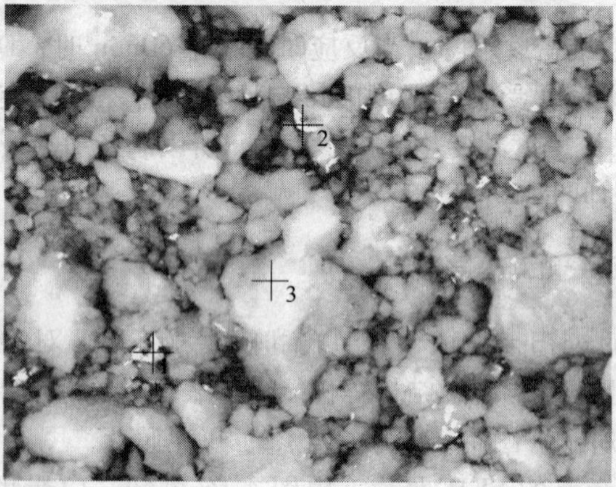

b

图 4-16　SEM 照片

a—白炭黑；*b*—Dy-Ag 抗菌白炭黑

4.3.4　FTIR 分析

白炭黑中，硅氧基主要存在于脱除水分的白炭黑表面层上，除此之外，白炭黑微粒的表面层上还有—OH 基团存在，—OH

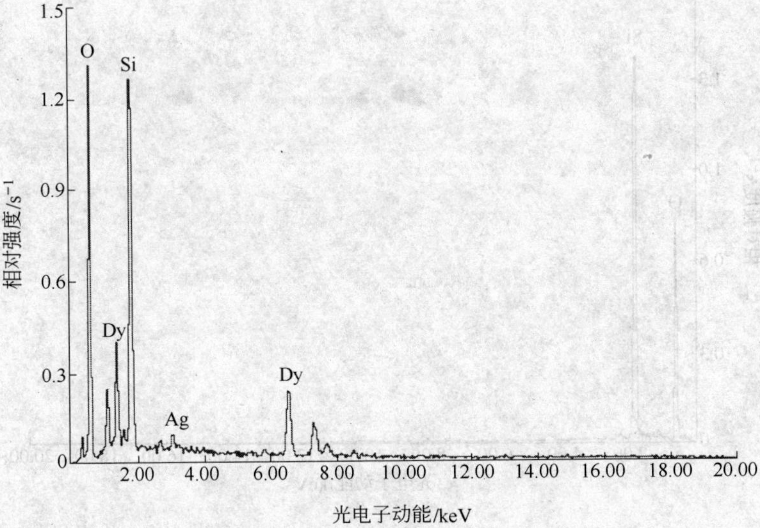

1.5
1.2
0.9
0.6
0.3
0
相对强度/s^{-1}
O
Si
Dy
Ag
Dy
2.00
4.00
6.00
8.00
10.00
12.00
14.00
16.00
18.00
20.00
光电子动能/keV

a

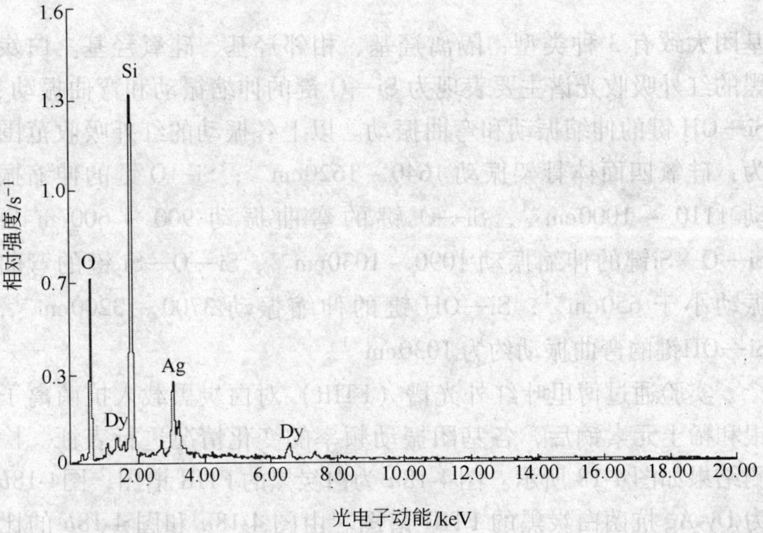

1.6
1.3
1.0
0.7
0.3
0
相对强度/s^{-1}
Si
O
Ag
Dy
Dy
2.00
4.00
6.00
8.00
10.00
12.00
14.00
16.00
18.00
20.00
光电子动能/keV

b

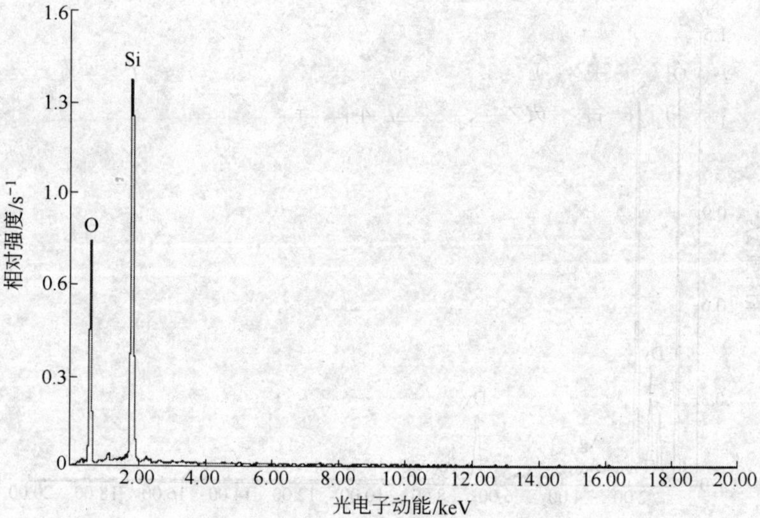

c

图 4-17　Dy-Ag 抗菌白炭黑 EDS 图

a—对应图 4-16*b* 中点 1；*b*—对应图 4-16*b* 中点 2；*c*—对应图 4-16*b* 中点 3

基团大致有 3 种类型：隔离羟基、相邻羟基、硅氧羟基。白炭黑的红外吸收光谱主要表现为 Si—O 键的伸缩振动和弯曲振动、Si—OH 键的伸缩振动和弯曲振动。以上各振动的红外吸收范围为：硅氧四面体骨架振动 1640 ~ 1620cm^{-1}；Si—O 键的伸缩振动 1110 ~ 1000cm^{-1}，Si—O 键的弯曲振动 900 ~ 600cm^{-1}；Si—O—Si键的伸缩振动 1090 ~ 1030cm^{-1}，Si—O—Si 键的弯曲振动小于 650cm^{-1}；Si—OH 键的伸缩振动 3700 ~ 3200cm^{-1}，Si—OH键的弯曲振动约为 1030cm^{-1}。

实验通过傅里叶红外光谱（FTIR）对白炭黑载入抗菌离子银和稀土元素镝后，各基团振动频率的变化情况进行表征。检测结果如图 4-18 所示。图 4-18*a* 为白炭黑的 FTIR 谱图，图4-18*b* 为 Dy-Ag 抗菌白炭黑的 FTIR 谱图。由图 4-18*a* 和图 4-18*b* 的比较可知，图 4-18*b* 中硅氧四面体骨架振动、Si—O 键的弯曲振动、Si—O—Si 键的伸缩振动、Si—OH 键的伸缩振动和 Si—OH 键的弯曲振动的吸收峰均向高频方向移动。影响基团频率位移的内部因素有电效应（诱导效应、共轭效应、偶极场效应）、氢键、振动的耦合、费米共振、立体障碍（空间位阻）和环的张

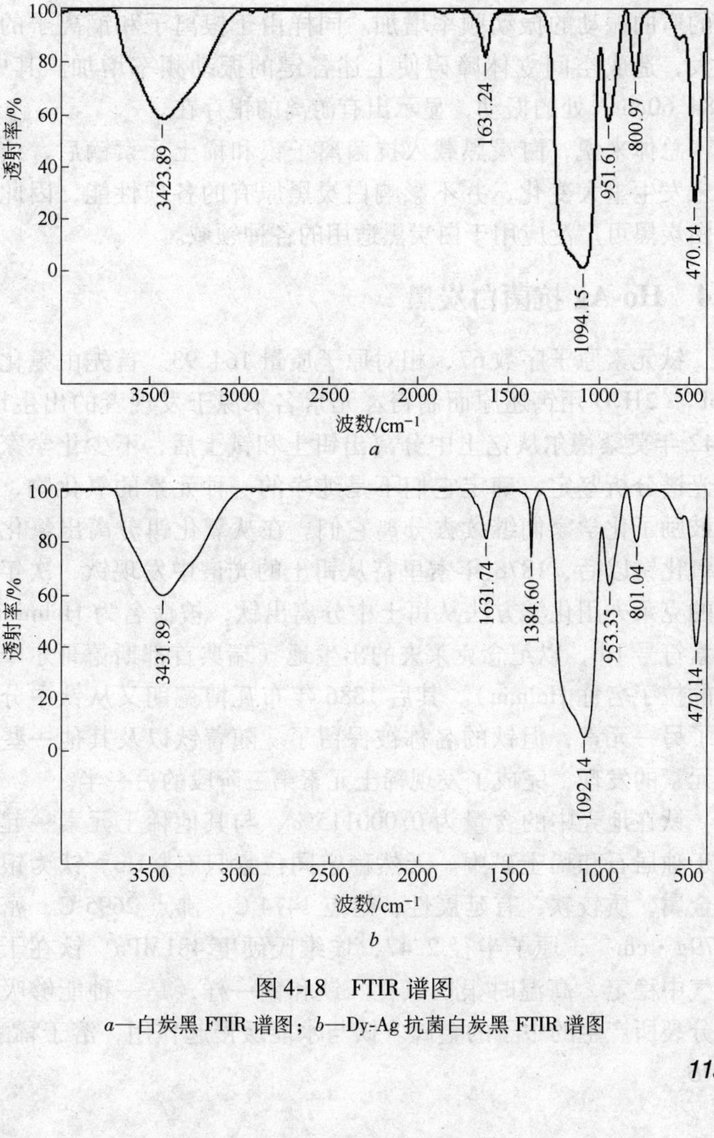

图 4-18　FTIR 谱图

a—白炭黑 FTIR 谱图；*b*—Dy-Ag 抗菌白炭黑 FTIR 谱图

力。在 Dy-Ag 抗菌白炭黑中，基团频率发生位移的主要影响因素是电效应中的诱导效应和空间位阻。由于银和稀土元素镝的电负性大，通过静电诱导作用引起化学键电荷分布的变化，改变了键力常数而导致硅氧四面体骨架振动、Si—O 键的弯曲振动、Si—O—Si 键的伸缩振动、Si—OH 键的伸缩振动和 Si—OH 键的弯曲振动的振动频率增加。同样由于银离子和镝离子的半径大，造成空间立体障碍使上述各键的振动频率增加。其中，1384.60cm^{-1}处的振动，显示出有游离的银存在。

总体来说，白炭黑载入抗菌离子银和稀土元素镝后，结构并未发生重大变化，并不影响白炭黑原有的各项性能，因此抗菌白炭黑可广泛应用于白炭黑适用的各种领域。

4.4 Ho-Ag 抗菌白炭黑

钬元素原子序数 67，相对原子质量 164.93。首先由氟化钬 $HoF_3 \cdot 2H_2O$ 用钙还原而制得。元素名来源于发现者的出生地。1842 年莫桑德尔从钇土中分离出铒土和铽土后，不少化学家利用光谱分析鉴定，确定它们不是纯净的一种元素的氧化物，这就鼓励了化学家们继续去分离它们。在从氧化铒分离出氧化镱和氧化钪以后，1878 年索里特从铒土的光谱中发现钬，次年瑞典的克莱夫用化学方法从铒土中分离出钬，被命名为 Holmium，元素符号 Ho，以纪念克莱夫的出生地（瑞典首都斯德哥尔摩古代的拉丁名称 Holmia）。其后 1886 年布瓦博德朗又从钬中分离出了另一元素，但钬的名称被保留了。随着钬以及其他一些稀土元素的发现，完成了发现稀土元素第三阶段的另一半。

钬在地壳中的含量为 0.000115%，与其他稀土元素一起存在于独居石和稀土矿中。天然稳定同位素只有 ^{165}Ho。钬为银白色金属，质较软，有延展性；熔点 1474℃，沸点 2695℃，密度 8.79$g \cdot cm^{-3}$，原子半径 2.47，埃维氏硬度 481MPa。钬在干燥空气中稳定，高温时很快氧化。钬和镝一样，是一种能够吸收核分裂所产生的中子的金属。钬与水能缓慢起作用，溶于稀酸，盐类是黄色，氧化物 Ho_2O_2 为淡绿色。钬溶于矿物酸而产生三价离子黄色盐在核子反应炉中，一方面不断燃烧，一方面控制连锁反应的速度。氧化钬是已知顺磁性最强的物质，获得化合物可做新型铁磁材料的添加剂；碘化钬用于制造金属卤素灯。硝酸钬 $Ho(NO_3)_3 \cdot 5H_2O$，相对分子质量为458.94，为粉红色颗粒状物质，易潮解，溶于水和酸。

钬可用作金属卤素灯添加剂；钬可以用作钇铁或钇铝石榴石的添加剂；掺钬的钇铝石榴石（Ho：YAG）可发射2μm激光，人体组织对2μm激光吸收率高，几乎比Hd：YAG高3个数量级。所以用Ho：YAG激光器进行医疗手术时，不但可以提高手术效率和精度，而且可使热损伤区域减至更小。钬晶体产生的自由光束可消除脂肪而不会产生过大的热量，从而减少对健康组织产生的热损伤，据报道美国用钬激光治疗青光眼，可以减少患者手术的痛苦。中国2μm激光晶体的水平已达到国际水平，应大力开发生产这种激光晶体。在磁致伸缩合金Terfenol-D中，也可以加入少量的钬，从而降低合金饱和磁化所需的外场。另外用掺钬的光纤可以制作光纤激光器、光纤放大器、光纤传感器等光通信器件，钬在光纤通信迅猛发展的今天，将发挥更重要的作用。

4.4.1 Ho-Ag抗菌白炭黑的制备

将预热好的一部分水玻璃和小苏打注入恒温（90℃）反应器中，在300~500r·min^{-1}转速下进行第1步反应。待第1步反应结束后，调低转速至100~200r·min^{-1}，加入剩余的水玻璃，稍后加入剩余的小苏打进行第2步反应。调pH值至1~3，反应0.5h。向其中加入适量稀土固定剂和硝酸钬，待反应稳定后加入硝酸银，继续反应1~2h。反应结束后趁热抽滤，称量滤液体积并保存以备离子检测用。滤饼用分散剂处理后送烘箱，在120℃下进行干燥，将烘干的样品研碎，过200目筛子，所得即为Ho-Ag抗菌白炭黑。

4.4.2 反应条件与 Ho-Ag 抗菌白炭黑性能的关系

影响 Ho-Ag 抗菌白炭黑性能的因素很多，例如：反应温度、反应时间、稀土金属离子钬的浓度、反应液的 pH 值、搅拌器的转速等。下面仅从钬离子的浓度、反应温度、反应时间三方面进行介绍。

4.4.2.1 *硝酸钬浓度对 Ho-Ag 抗菌白炭黑杀菌率的影响*

在各种影响因素中钬离子的浓度是影响 Ho-Ag 抗菌白炭黑杀菌率的最主要的因素。为探讨钬离子浓度与材料杀菌率的关系，分别用 0.0001mol · L^{-1}、0.0005mol · L^{-1}、0.001mol · L^{-1}、0.005mol · L^{-1} 和 0.01mol · L^{-1} 浓度的硝酸钬进行实验（反应温度 90℃，反应时间 1h）。其结果如图 4-19 所示。

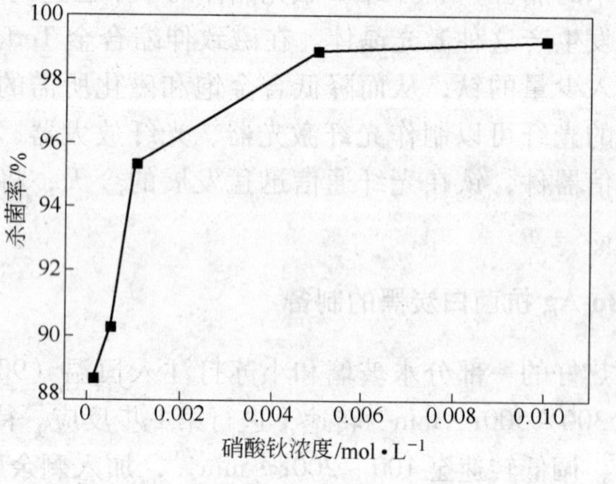

图 4-19　硝酸钬浓度与 Ho-Ag 抗菌白炭黑杀菌率的关系

由图 4-1 可知，随着硝酸钬浓度的增大（由 0.0001mol · L^{-1} 增加到 0.01mol · L^{-1}），Ho-Ag 抗菌白炭黑的杀菌率逐渐增大。当硝酸钬浓度达到 0.005mol · L^{-1} 时，再增大硝酸钬的浓度，杀菌率变化已不再明显。因此，制备 Ho-Ag 抗菌白炭黑时，硝酸钬的最佳浓度为 0.005mol · L^{-1}。

4.4.2.2　反应温度对 Ho-Ag 抗菌白炭黑堆密度的影响

为探讨反应温度与材料堆密度的关系，分别在 75℃、80℃、85℃、90℃和 95℃下进行实验（反应时间 1h，钬离子浓度 0.005mol · L^{-1}）。其结果如图 4-20 所示。

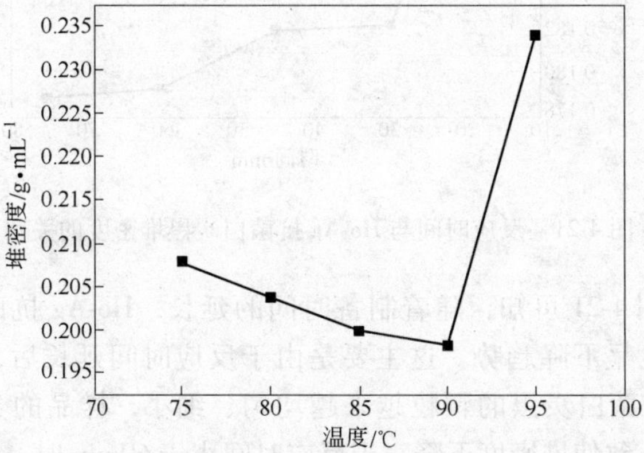

图 4-20　反应温度与 Ho-Ag 抗菌白炭黑堆密度的关系

由图 4-20 可知，随着制备温度的升高，Ho-Ag 抗菌白炭黑的堆密度总体呈下降趋势。这主要是由于温度升高后，生成的 Ho-Ag 抗菌白炭黑的颗粒越来越细，样品的分散性越来越好，致使堆密度下降。当反应温度达到 90℃时，堆密度最小。当反应温度升高至 95℃时，堆密度迅速升高，这可能是由于反应温度过高，造成粒子团聚加剧，使得堆密度升高，所以制备 Ho-Ag 抗菌白炭黑的最佳温度是 90℃。

4.4.2.3　反应时间对 Ho-Ag 抗菌白炭黑堆密度的影响

反应时间是影响材料堆密度的主要因素之一。实验分别在 15min、30min、45min、60min 和 75min 下进行（反应温度 90℃，钬离子浓度 0.005mol · L^{-1}）。其结果如图 4-21 所示。

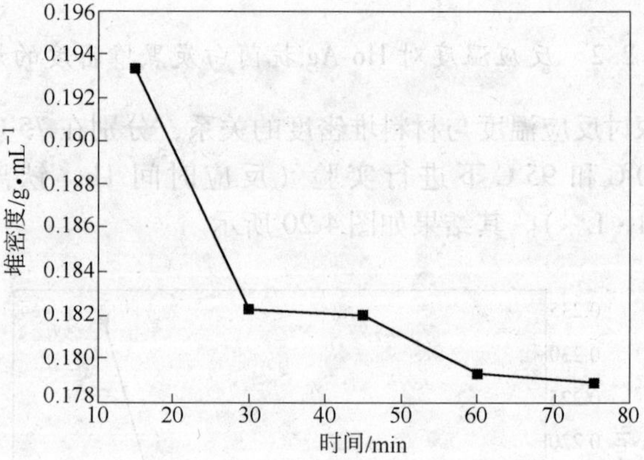

图 4-21　反应时间与 Ho-Ag 抗菌白炭黑堆密度的关系

由图 4-21 可知，随着制备时间的延长，Ho-Ag 抗菌白炭黑的堆密度呈下降趋势。这主要是由于反应时间延长后，生成的 Ho-Ag 抗菌白炭黑的颗粒越来越均匀、细小，样品的分散性越来越好，致使堆密度下降。当反应时间小于 60min 时，Ho-Ag 抗菌白炭黑的堆密度受反应温度的影响比较显著；当反应时间达到 60min 时，堆密度的变化变得较平缓，所以制备 Ho-Ag 抗菌白炭黑的最佳时间是 60min。

4.4.3　SEM 和 EDS 分析

实验通过扫描电镜（SEM）和能谱（EDS）对 Ho-Ag 抗菌白炭黑的组成、形态、结构等性能进行表征。检测结果如图4-22和图 4-23 所示。图 4-22*a* 为白炭黑的 SEM 照片，图 4-22*b* 为 Ho-Ag 抗菌白炭黑的 SEM 照片。由图 4-22 可知，白炭黑和 Ho-Ag 抗菌白炭黑均为无定型结构，颗粒大小较均匀，结构松散，两者粒径大小相当。图 4-23 为图 4-22*b* 的 EDS 图片，其中图4-23*a* 对应图 4-22*b* 中点 1，图 4-23*b* 对应图 4-22*b* 中点 2，图 4-23*c* 对应图 4-22*b* 中点 3。从图 4-23 可知，图 4-23 中点 1 为稀土元素

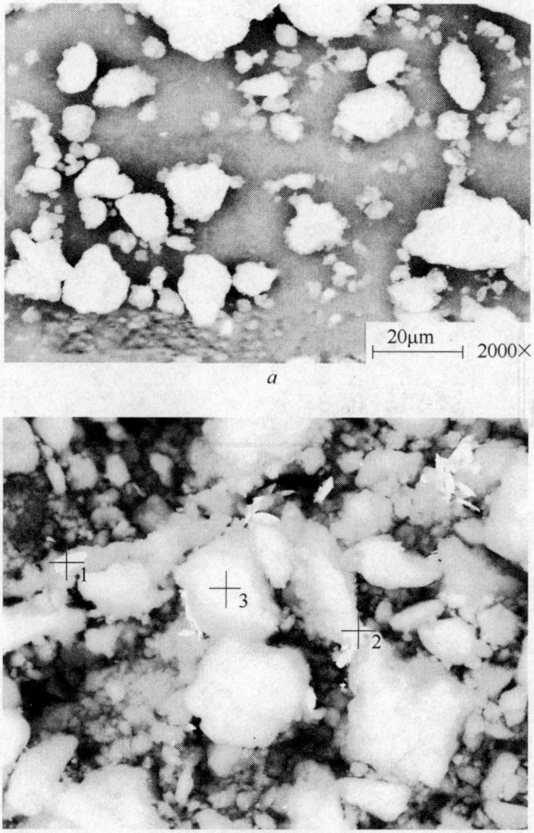

图 4-22　SEM 照片

a—白炭黑；*b*—Ho-Ag 抗菌白炭黑

钬，点 2 为金属银，点 3 为载体白炭黑。图 4-23*a* 显示，稀土元素钬在材料中单独存在，并未与金属银存在共生现象，而由图 4-23*b* 可知，材料中的银是附着在载体白炭黑上的。由此可知，实验制备的样品中确实含有稀土元素钬和金属银。并且，在材料中银是附着在载体白炭黑上的，而稀土元素钬则是单独游离在材料中。

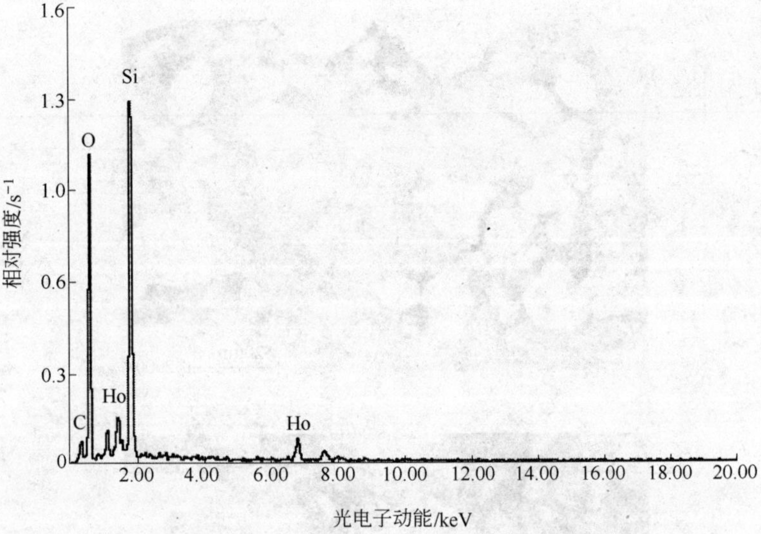

1.6
1.3
1.0
0.6
0.3
0
相对强度/s^{-1}
Si
O
Ho
C
Ho
2.00
4.00
6.00
8.00
10.00
12.00
14.00
16.00
18.00
20.00
光电子动能/keV

a

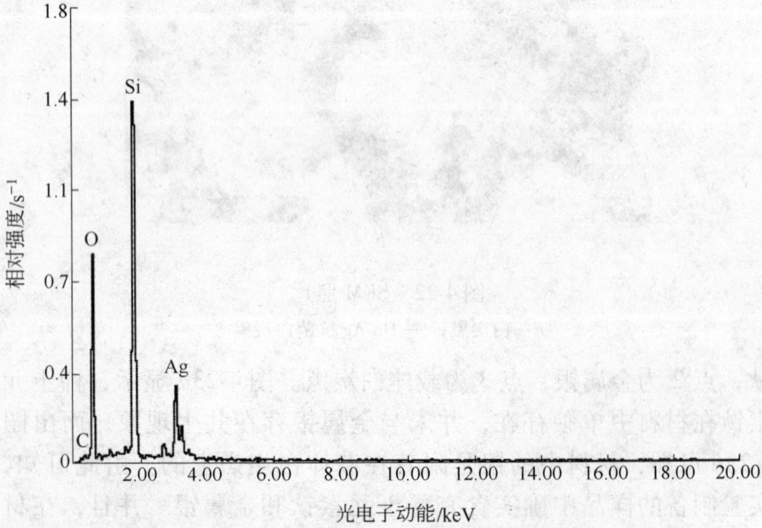

1.8
1.4
1.1
0.7
0.4
0
相对强度/s^{-1}
Si
O
Ag
C
2.00
4.00
6.00
8.00
10.00
12.00
14.00
16.00
18.00
20.00
光电子动能/keV

b

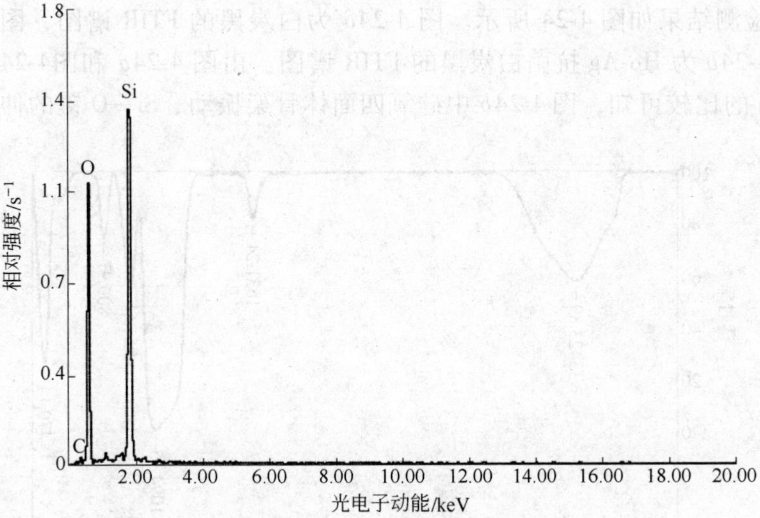

c

图 4-23　Ho-Ag 抗菌白炭黑 EDS 图

a—对应图 4-22*b* 中点 1；*b*—对应图 4-22*b* 中点 2；*c*—对应图 4-22*b* 中点 3

4.4.4　FTIR 分析

白炭黑中，硅氧基主要存在于脱除水分的白炭黑表面层上，除此之外，白炭黑微粒的表面层上还有—OH 基团存在，—OH 基团大致有 3 种类型：隔离羟基、相邻羟基、硅氧羟基。白炭黑的红外吸收光谱主要表现为 Si—O 键的伸缩振动和弯曲振动、Si—OH 键的伸缩振动和弯曲振动。以上各振动的红外吸收范围为：硅氧四面体骨架振动 1640 ~ 1620cm^{-1}；Si—O 键的伸缩振动 1110 ~ 1000cm^{-1}，Si—O 键的弯曲振动 900 ~ 600cm^{-1}；Si—O—Si键的伸缩振动 1090 ~ 1030cm^{-1}，Si—O—Si 键的弯曲振动小于 650cm^{-1}；Si—OH 键的伸缩振动 3700 ~ 3200cm^{-1}，Si—OH键的弯曲振动约为 1030cm^{-1}。

实验通过傅里叶红外光谱（FTIR）对白炭黑载入抗菌离

子银和稀土元素钬后，各基团振动频率的变化情况进行表征。检测结果如图 4-24 所示。图 4-24*a* 为白炭黑的 FTIR 谱图，图 4-24*b* 为 Ho-Ag 抗菌白炭黑的 FTIR 谱图。由图 4-24*a* 和图4-24*b* 的比较可知，图 4-24*b* 中硅氧四面体骨架振动、Si—O 键的伸

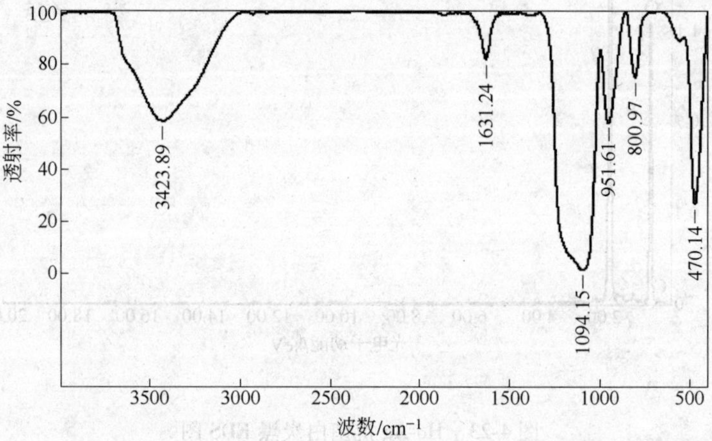

a

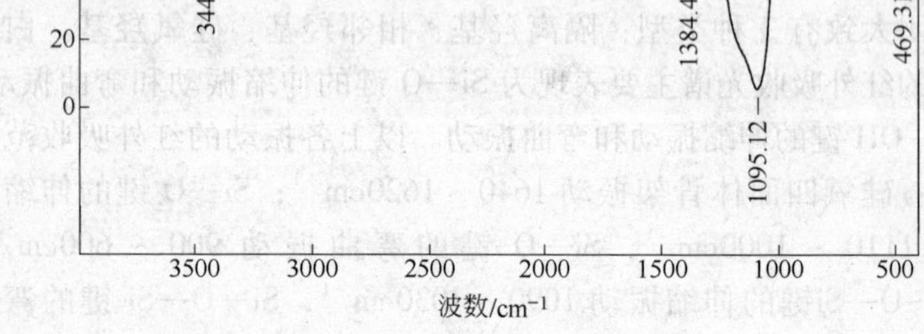

b

图 4-24　FTIR 谱图

a—白炭黑 FTIR 谱图；*b*—Ho-Ag 抗菌白炭黑 FTIR 谱图

缩振动、Si—O—Si 键的伸缩振动、Si—OH 键的伸缩振动和 Si—OH 键的弯曲振动的吸收峰均向高频方向移动。影响基团频率位移的内部因素有电效应（诱导效应、共轭效应、偶极场效应）、氢键、振动的耦合、费米共振、立体障碍（空间位阻）和环的张力。在 Ho-Ag 抗菌白炭黑中，基团频率发生位移的主要影响因素是电效应中的诱导效应和空间位阻。由于银和稀土元素钬的电负性大，通过静电诱导作用引起化学键电荷分布的变化，改变了键力常数而导致硅氧四面体骨架振动，Si—O 键的伸缩振动，Si—O—Si 键的伸缩振动，Si—OH 键的伸缩振动和 Si—OH 键的弯曲振动的振动频率增加。同样由于银离子和钬离子的半径大，造成空间立体障碍使上述各键的振动频率增加。其中，1384.42cm^{-1}处的振动，显示出有游离的银存在。

总体来说，白炭黑载入抗菌离子银和稀土元素钬后，结构并未发生重大变化，并不影响白炭黑原有的各项性能，因此抗菌白炭黑可广泛应用于白炭黑适用的各种领域。

4.5 Er-Ag 抗菌白炭黑

稀土元素铒，元素符号 Er，原子序数 68，相对原子质量 167.26，元素名称来源于钇土的发现地。铒是 1843 年瑞典科学家莫桑德尔用分级沉淀法从钇土中发现铒的氧化物，1860 年正式命名。铒在地壳中的含量为 0.000247%，存在于许多稀土矿中。有 6 种天然同位素。铒为深灰色粉末，熔点 1529℃，沸点 2863℃，密度 9.006$g \cdot cm^{-3}$。铒在低温下是反铁磁性的，在接近绝对零度时为强铁磁性，并为超导体。铒在室温下缓慢被空气和水氧化，氧化铒为玫瑰红色。铒可用作反应堆控制材料。铒也可作某些荧光材料的激活剂。与钬、镝的化学性质和物理性质几乎完全相同。铒为深灰色金属，质软，不溶于水，溶于酸。其盐类和氧化物呈粉红至红色。铒的同位素有：^{162}Er、^{164}Er、^{166}Er、^{167}Er、^{168}Er、^{170}Er。

铒元素来源于火成岩中，可由电解熔融氯化铒（$ErCl_3$）而制得，与其他密度较大的稀土元素共存于磷钇矿和黑稀金矿中。它的氧化物（Er_2O_3）为玫瑰红色，用来制造陶器的釉彩。陶瓷业中使用氧化铒产生一种粉红色的釉质。铒在核工业中也有一些应用，还能作为其他金属的合金成分。例如钒中掺入铒能够增强其延展性。

铒的化合物主要有硝酸铒、氧化铒、草酸铒。硝酸铒（$Er(NO_3)_3 \cdot 6H_2O$）粉红色粒状结晶，溶于水和醇，遇热脱水，在潮湿空气中易潮解，相对分子质量为443.30。熔点为130℃（失去4个分子结晶水）。它用于中间化合物、玻璃、化学试剂等行业。草酸铒分子式为$Er_2(C_2O_4)_3 \cdot 10H_2O$，相对分子质量为778.73，草酸铒为淡红色微晶粉末，具有腐蚀性、有毒。密度为$2.64g \cdot cm^{-3}$，在575℃分解，不溶于水和稀酸，用于普通金属中分离稀土金属。

4.5.1 Er-Ag抗菌白炭黑的制备

将预热好的一部分水玻璃和小苏打注入恒温（90℃）反应器中，在$300 \sim 500r \cdot min^{-1}$转速下进行第1步反应。待第1步反应结束后，调低转速至$100 \sim 200r \cdot min^{-1}$，加入剩余的水玻璃，稍后加入剩余的小苏打进行第2步反应。调pH值至1~3，反应0.5h。向其中加入适量稀土固定剂和硝酸铒，待反应稳定后加入硝酸银，继续反应1~2h。反应结束后趁热抽滤，称量滤液体积并保存以备离子检测用。滤饼用分散剂处理后送烘箱，在120℃下进行干燥，将烘干的样品研碎，过200目筛子，所得即为Er-Ag抗菌白炭黑。

4.5.2 反应条件与Er-Ag抗菌白炭黑性能的关系

影响Er-Ag抗菌白炭黑性能的因素很多，例如：反应温度、反应时间、稀土金属离子铒的浓度、反应液的pH值、搅拌器的转速等。下面仅从铒离子的浓度、反应温度、反应时间三方面进行介绍。

4.5.2.1　*硝酸铒浓度对 Er-Ag 抗菌白炭黑杀菌率的影响*

在各种影响因素中铒离子的浓度是影响 Er-Ag 抗菌白炭黑杀菌率的最主要的因素。为探讨铒离子浓度与材料杀菌率的关系，分别用 0.0001mol · L^{-1}、0.0005mol · L^{-1}、0.001mol · L^{-1}、0.005mol · L^{-1}和 0.01mol · L^{-1}浓度的硝酸铒进行实验（反应温度 90℃，反应时间 1h）。其结果如图 4-25 所示。

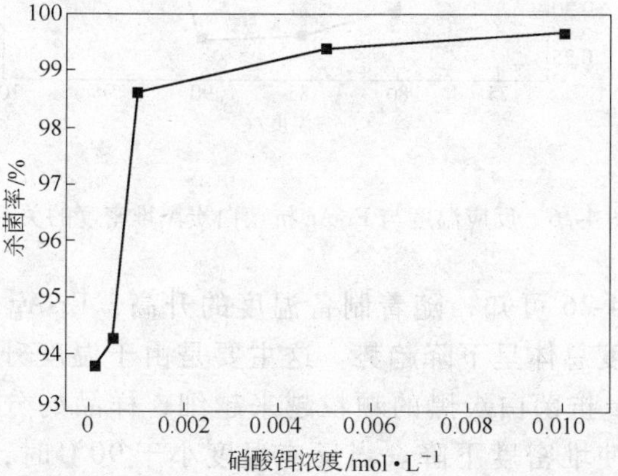

图 4-25　硝酸铒浓度与 Er-Ag 抗菌白炭黑杀菌率的关系

由图 4-25 可知，随着硝酸铒浓度的增大（由 0.0001mol · L^{-1} 增加到 0.01mol · L^{-1}），Er-Ag 抗菌白炭黑的杀菌率逐渐增大。当硝酸铒浓度达到 0.005mol · L^{-1}时，再增大硝酸铒的浓度，杀菌率变化已不再明显。因此，制备 Er-Ag 抗菌白炭黑时，硝酸铒的最佳浓度为 0.005mol · L^{-1}。

4.5.2.2　*反应温度对 Er-Ag 抗菌白炭黑堆密度的影响*

为探讨反应温度与材料堆密度的关系，分别在 75℃、80℃、

85℃、90℃和95℃下进行实验（反应时间1h，铒离子浓度0.005mol·L^{-1}）。其结果如图4-26所示。

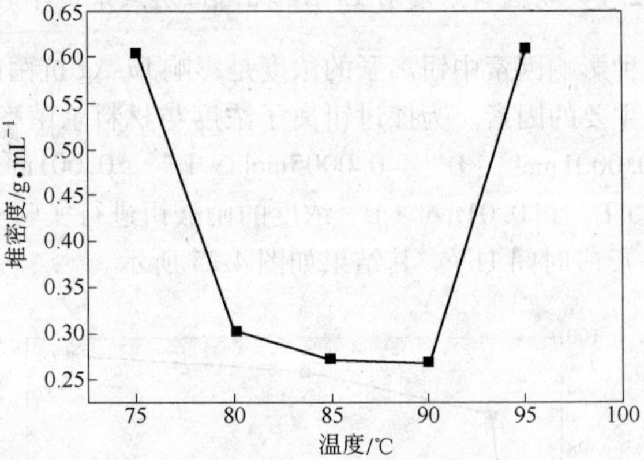

图4-26　反应温度与Er-Ag抗菌白炭黑堆密度的关系

由图4-26可知，随着制备温度的升高，Er-Ag抗菌白炭黑的堆密度总体呈下降趋势。这主要是由于温度升高后，生成的Er-Ag抗菌白炭黑的颗粒越来越细，样品的分散性越来越好，致使堆密度下降。当反应温度小于90℃时，Er-Ag抗菌白炭黑的堆密度受反应温度的影响比较显著；当反应温度达到90℃时，堆密度达到最小。而当反应温度升高到95℃时，堆密度迅速升高，这可能是由于温度过高反而造成材料颗粒团聚加剧，使得堆密度升高，所以制备Er-Ag抗菌白炭黑的最佳温度是90℃。

4.5.2.3　反应时间对Er-Ag抗菌白炭黑堆密度的影响

反应时间是影响材料堆密度的主要因素之一。实验分别在15min、30min、45min、60min和75min下进行（反应温度90℃，铒离子浓度0.005mol·L^{-1}）。其结果如图4-27所示。

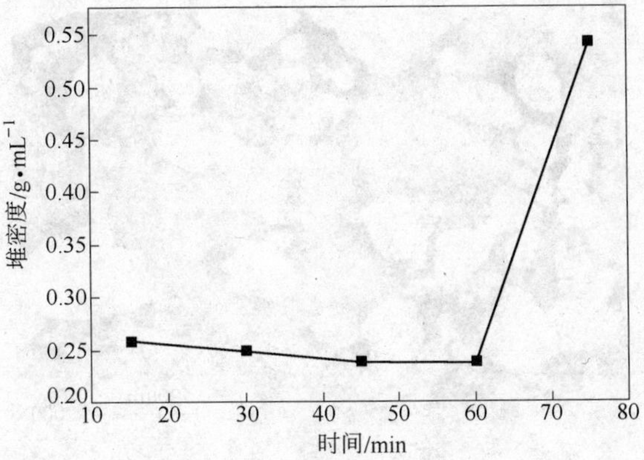

图 4-27　反应时间与 Er-Ag 抗菌白炭黑堆密度的关系

由图 4-27 可知，随着制备时间的延长，Er-Ag 抗菌白炭黑的堆密度总体呈下降趋势。这主要是由于反应时间延长后，生成的 Er-Ag 抗菌白炭黑的颗粒越来越均匀、细小，样品的分散性越来越好，致使堆密度下降。当反应时间达到 60min 时，堆密度达到最小，但当反应时间延长到 75min 时，堆密度迅速升高，这可能是由于反应时间过长，造成粒子团聚加剧，使得材料堆密度升高，所以制备 Er-Ag 抗菌白炭黑的最佳时间是 60min。

4.5.3　SEM 和 EDS 分析

实验通过扫描电镜（SEM）和能谱（EDS）对 Er-Ag 抗菌白炭黑的组成、形态、结构等性能进行表征。检测结果如图4-28和图 4-29 所示。图 4-28*a* 为白炭黑的 SEM 照片，图 4-28*b* 为 Er-Ag 抗菌白炭黑的 SEM 照片。由图 4-28 可知，白炭黑和 Er-Ag 抗菌白炭黑均为无定型结构，颗粒大小较均匀，结构松散，两者粒径大小相当。图 4-29 为图 4-28*b* 的 EDS 图片，其中图 4-29*a* 对应图 4-28*b* 中点 4，图 4-29*b* 对应图 4-28*b* 中点 1，图 4-29*c* 对应图 4-28*b* 中点 2。从图 4-29 可知，图 4-28 中点 4 为稀土元素

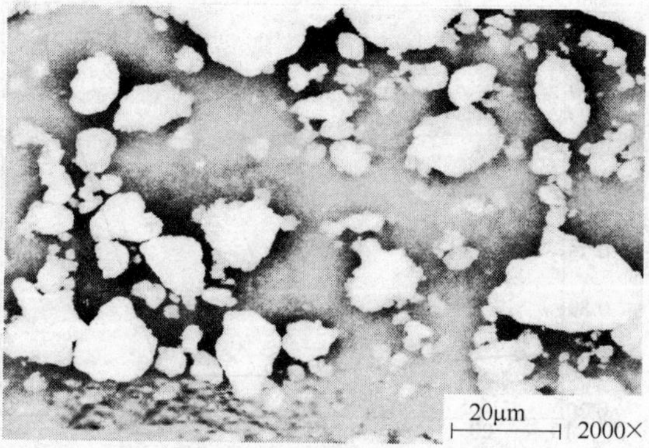

a

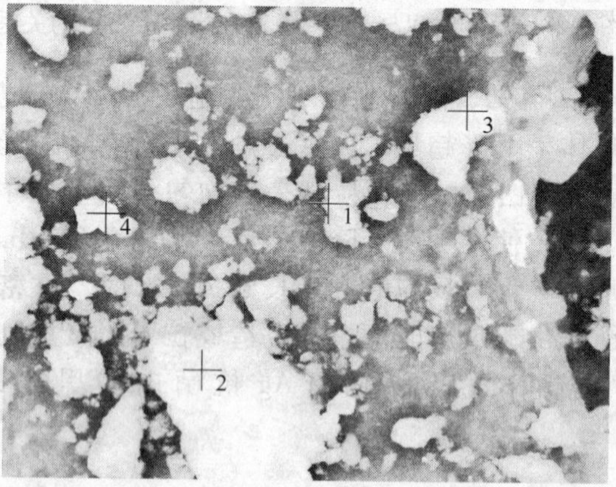

b

图 4-28　SEM 照片

a—白炭黑；*b*—Er-Ag 抗菌白炭黑

铒，点 1 为金属银，点 2 为载体白炭黑。图 4-29*a* 显示，稀土元素铒在材料中单独存在，并未与金属银存在共生现象，而由图 4-29*b* 可知，材料中的银是附着在载体白炭黑上的。由此可知，实验制备的样品中确实含有稀土元素铒和金属银。并且，在材料中银是附着在载体白炭黑上的，而稀土元素铒则是单独游离在材料中。

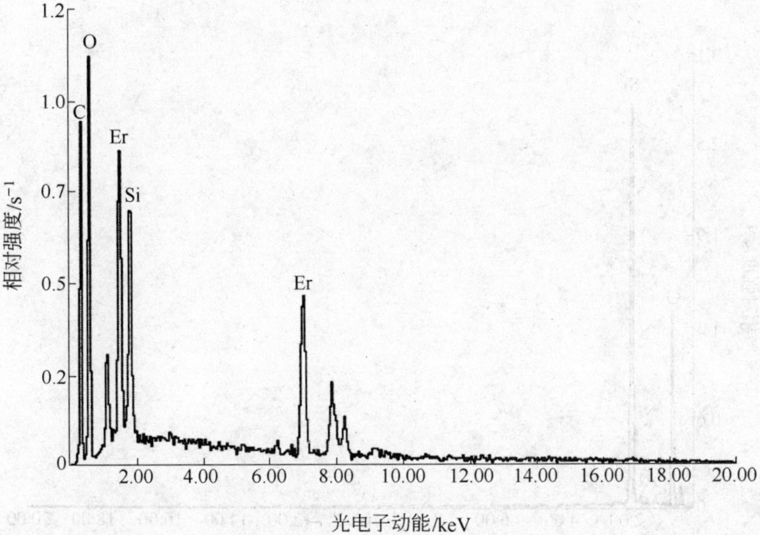
相对强度/s^{-1}
1.2
1.0
0.7
0.5
0.2
0
C
O
Er
Si
Er
2.00
4.00
6.00
8.00
10.00
12.00
14.00
16.00
18.00
20.00
光电子动能/keV

a

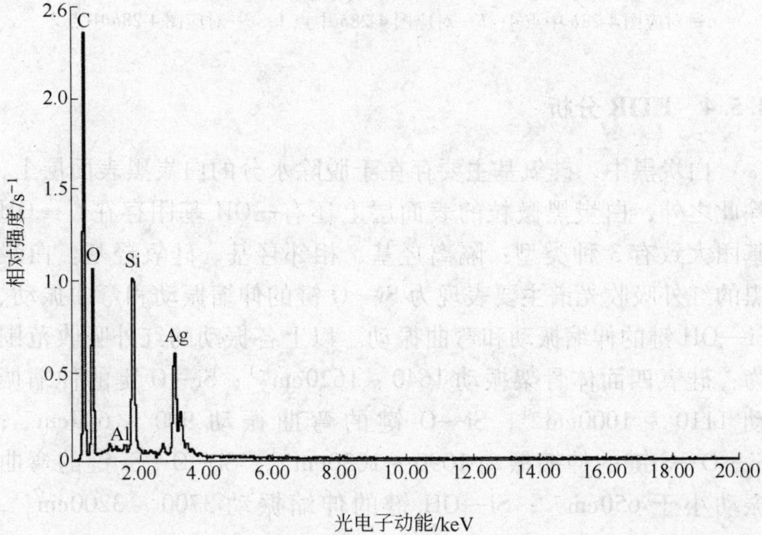
相对强度/s^{-1}
2.6
2.0
1.5
1.0
0.5
0
C
O
Si
Al
Ag
2.00
4.00
6.00
8.00
10.00
12.00
14.00
16.00
18.00
20.00
光电子动能/keV

b

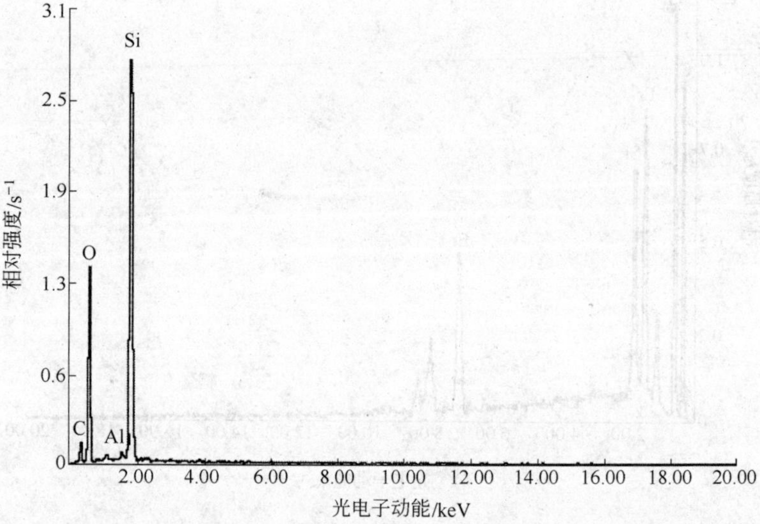

c

图 4-29　Er-Ag 抗菌白炭黑 EDS 图

a—对应图 4-28*b* 中点 4；*b*—对应图 4-28*b* 中点 1；*c*—对应图 4-28*b* 中点 2

4.5.4　FTIR 分析

白炭黑中，硅氧基主要存在于脱除水分的白炭黑表面层上，除此之外，白炭黑微粒的表面层上还有—OH 基团存在，—OH 基团大致有 3 种类型：隔离羟基、相邻羟基、硅氧羟基。白炭黑的红外吸收光谱主要表现为 Si—O 键的伸缩振动和弯曲振动、Si—OH 键的伸缩振动和弯曲振动。以上各振动的红外吸收范围为：硅氧四面体骨架振动 1640 ~ 1620cm^{-1}；Si—O 键的伸缩振动 1110 ~ 1000cm^{-1}，Si—O 键的弯曲振动 900 ~ 600cm^{-1}；Si—O—Si键的伸缩振动 1090 ~ 1030cm^{-1}，Si—O—Si 键的弯曲振动小于 650cm^{-1}；Si—OH 键的伸缩振动 3700 ~ 3200cm^{-1}，Si—OH键的弯曲振动约为 1030cm^{-1}。

实验通过傅里叶红外光谱（FTIR）对白炭黑载入抗菌离子银和稀土元素铒后，各基团振动频率的变化情况进行表征。检测结果如图 4-30 所示。图 4-30*a* 为白炭黑的 FTIR 谱

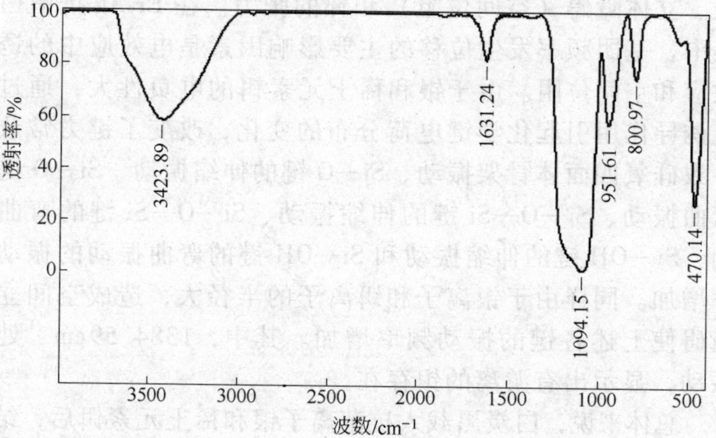

a

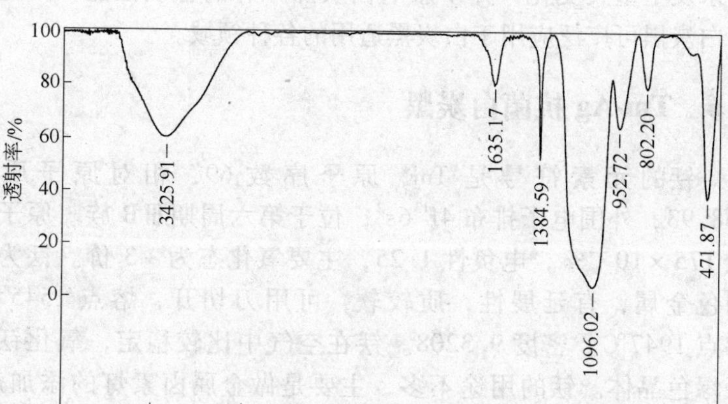

b

图 4-30　FTIR 谱图

a—白炭黑 FTIR 谱图；*b*—Er-Ag 抗菌白炭黑 FTIR 谱图

图，图4-30*b* 为 Er-Ag 抗菌白炭黑的 FTIR 谱图。由图 4-30*a* 和图 4-30*b* 的比较可知，图 4-30*b* 中所有吸收峰均向高频方向移动。影响基团频率位移的内部因素有电效应（诱导效应、共轭效应、偶极场效应）、氢键、振动的耦合、费米共振、立体障碍（空间位阻）和环的张力。在 Er-Ag 抗菌白炭黑中，基团频率发生位移的主要影响因素是电效应中的诱导效应和空间位阻。由于银和稀土元素铒的电负性大，通过静电诱导作用引起化学键电荷分布的变化，改变了键力常数而导致硅氧四面体骨架振动、Si—O 键的伸缩振动、Si—O 键的弯曲振动、Si—O—Si 键的伸缩振动、Si—O—Si 键的弯曲振动、Si—OH 键的伸缩振动和 Si—OH 键的弯曲振动的振动频率增加。同样由于银离子和铒离子的半径大，造成空间立体障碍使上述各键的振动频率增加。其中，1384. 59cm^{-1} 处的振动，显示出有游离的银存在。

总体来说，白炭黑载入抗菌离子银和稀土元素铒后，结构并未发生重大变化，并不影响白炭黑原有的各项性能，因此抗菌白炭黑可广泛应用于白炭黑适用的各种领域。

4.6 Tm-Ag 抗菌白炭黑

铥的元素符号是 Tm，原子序数 69，相对原子质量 168. 93，外围电子排布 $4f^{13}6s^2$，位于第六周期ⅢB 族。原子半径 $175\times10^{-4}\%$，电负性 1. 25，主要氧化态为 +3 价。铥为银白色金属，有延展性，质较软，可用刀切开，熔点 1545℃，沸点 1947℃，密度 9. 3208。铥在空气中比较稳定，氧化铥为淡绿色晶体。铥的用途不多，主要是做金属卤素灯的添加剂。其溶于酸，能与水起缓慢化学作用，盐类（二价盐）氧化物都呈淡绿色。1879 年瑞典科学家克莱夫从铒土中分离出铥和钬两种新元素。铥在地壳中的含量为十万分之二，是稀土元素中含量最少的元素，主要存在于磷钇矿和黑稀金矿中，天然稳定的同位素只有 ^{169}Tm。

铥由无水氟化铥（TmF_3）还原制得，或用金属镧与铥氧化物的混合物中蒸气硫制得。其与其他稀土元素共存于硅铍钇矿、黑稀金矿、磷钇矿和独居石中。独居石含稀土元素的质量分数一般达50%，其中铥占0.007%。

铥常见的化合物有硝酸化合物、氧化物。其中硝酸铥是一种有强氧化性、强腐蚀性的无机酸，硝酸铥的酸性较硫酸和盐酸小，易溶于水，在水中完全电离，常温下其稀溶液无色透明，浓溶液显棕色。1980年起，我国国内硝酸铥产业的发展开始加速，总产量每年以10%～15%的速度增长。特别是20世纪90年代后期，我国的硝酸铥工业进入蓬勃发展时期，总产量年增速达到了15%～20%。但这个时期我国硝酸铥生产技术仍然比较落后，早期的常压法、综合法工艺装置多为淘汰型生产线，高压法装置全部靠进口国外的二手设备。2000年后，我国的硝酸铥工业进入高速发展期，年总产量以高于18%的速度快速增长，拥有种类、规模不等的生产厂约60多家；硝酸铥为平面共价分子，中心氮原子 sp^2 杂化，未参与杂化的一个p轨道与周围三个氧原子形成四中心六电子的离域π键。硝酸铥中的羟基氢与非羟化的氧原子形成分子内氢键，这是硝酸铥酸性不及硫酸、盐酸，熔沸点较低的主要原因。

4.6.1 Tm-Ag抗菌白炭黑的制备

将预热好的一部分水玻璃和小苏打注入恒温（90℃）反应器中，在300～500$r \cdot min^{-1}$转速下进行第1步反应。待第1步反应结束后，调低转速至100～200$r \cdot min^{-1}$，加入剩余的水玻璃，稍后加入剩余的小苏打进行第2步反应。调pH值至1～3，反应0.5h。向其中加入适量稀土固定剂和硝酸铥，待反应稳定后加入硝酸银，继续反应1～2h。反应结束后趁热抽滤，称量滤液体积并保存以备离子检测用。滤饼用分散剂处理后送烘箱，在120℃下进行干燥，将烘干的样品研碎，过200目筛子，所得即为Tm-Ag抗菌白炭黑。

4.6.2 反应条件与 Tm-Ag 抗菌白炭黑性能的关系

影响 Tm-Ag 抗菌白炭黑性能的因素很多，例如：反应温度、反应时间、稀土金属离子铥的浓度、反应液的 pH 值、搅拌器的转速等。下面仅从铥离子的浓度、反应温度、反应时间三方面进行介绍。

4.6.2.1 硝酸铥浓度对 Tm-Ag 抗菌白炭黑杀菌率的影响

在各种影响因素中铥离子的浓度是影响 Tm-Ag 抗菌白炭黑杀菌率的最主要的因素。为探讨铥离子浓度与材料杀菌率的关系，分别用 0.0001mol · L^{-1}、0.0005mol · L^{-1}、0.001mol · L^{-1}、0.005mol · L^{-1}和 0.01mol · L^{-1}浓度的硝酸铥进行实验（反应温度 90℃，反应时间 1h）。其结果如图 4-31 所示。

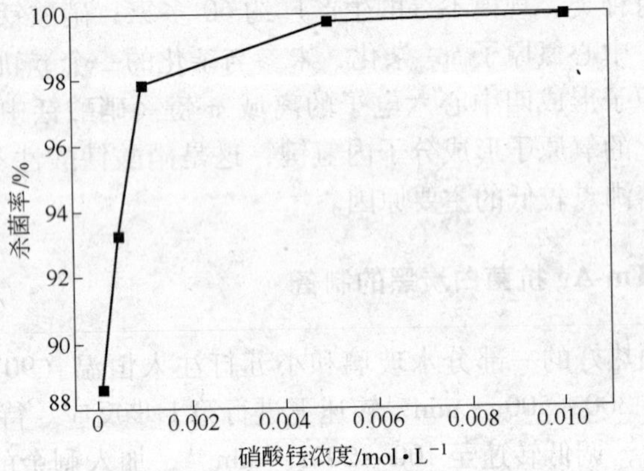

图 4-31 硝酸铥浓度与 Tm-Ag 抗菌白炭黑杀菌率的关系

由图 4-31 可知，随着硝酸铥浓度的增大（由 0.0001mol · L^{-1} 增加到 0.01mol · L^{-1}），Tm-Ag 抗菌白炭黑的杀菌率逐渐增大。当硝酸铥浓度达到 0.005mol · L^{-1}时，再增大硝酸铥的浓度，杀菌率变化已不再明显。因此，制备 Tm-Ag 抗菌白炭黑时，硝酸铥的最佳浓度为 0.005mol·L^{-1}。

4.6.2.2 反应温度对 Tm-Ag 抗菌白炭黑堆密度的影响

为探讨反应温度与材料堆密度的关系，分别在 75℃、80℃、85℃、90℃和 95℃下进行实验（反应时间 1h，铥离子浓度 0.005mol·L^{-1}）。其结果如图 4-32 所示。

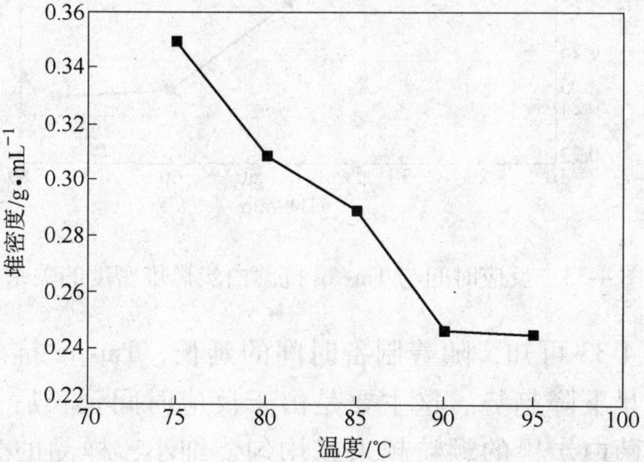

图 4-32　反应温度与 Tm-Ag 抗菌白炭黑堆密度的关系

由图 4-32 可知，随着制备温度的升高，Tm-Ag 抗菌白炭黑的堆密度呈下降趋势。这主要是由于温度升高后，生成的 Tm-Ag 抗菌白炭黑的颗粒越来越细，样品的分散性越来越好，致使堆密度下降。当反应温度小于 90℃时，Tm-Ag 抗菌白炭黑的堆密度受反应温度的影响比较显著；当反应温度达到 90℃时，堆密度的变化变得较平缓，所以制备 Tm-Ag 抗菌白炭黑的最佳温度是 90℃。

4.6.2.3 反应时间对 Tm-Ag 抗菌白炭黑堆密度的影响

反应时间是影响材料堆密度的主要因素之一。实验分别在 15min、30min、45min、60min 和 75min 下进行（反应温度 90℃，铥离子浓度 0.005mol · L^{-1}）。其结果如图 4-33 所示。

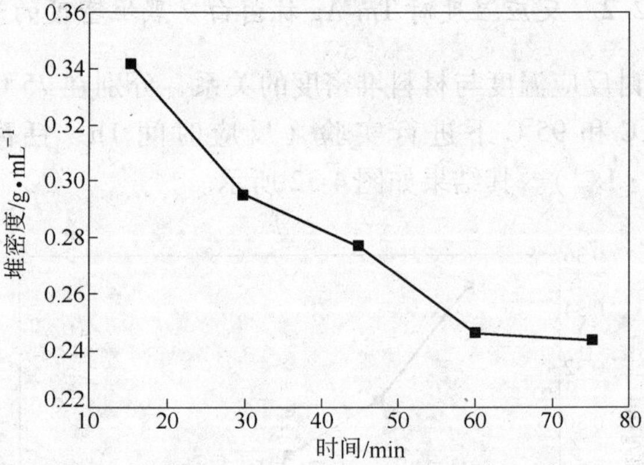

图 4-33　反应时间与 Tm-Ag 抗菌白炭黑堆密度的关系

由图 4-33 可知，随着制备时间的延长，Tm-Ag 抗菌白炭黑的堆密度呈下降趋势。这主要是由于反应时间延长后，生成的 Tm-Ag 抗菌白炭黑的颗粒越来越均匀、细小，样品的分散性越来越好，致使堆密度下降。当反应时间小于 60min 时，Tm-Ag 抗菌白炭黑的堆密度受反应温度的影响比较显著；当反应时间达到 60min 时，堆密度的变化变得较平缓，所以制备 Tm-Ag 抗菌白炭黑的最佳时间是 60min。

4.6.3　SEM 和 EDS 分析

实验通过扫描电镜（SEM）和能谱（EDS）对 Tm-Ag 抗菌白炭黑的组成、形态、结构等性能进行表征。检测结果如图4-34 和图 4-35 所示。图 4-34*a* 为白炭黑的 SEM 照片，图 4-34*b* 为 Tm-Ag 抗菌白炭黑的 SEM 照片。由图 4-34 可知，白炭黑和 Tm-Ag 抗菌白炭黑均为无定型结构，颗粒大小较均匀，结构松散，两者粒径大小相当。图 4-35 为图 4-34*b* 的 EDS 图片，其中图 4-35*a* 对应图 4-34*b* 中点 1，图 4-35*b* 对应图 4-34*b* 中点 2，图 4-35*c* 对应图 4-34*b* 中点 3。从图 4-35 可知，图 4-34 中点 1 为稀土元素铥，点 2 为金属银，点 3 为载体白炭黑。图 4-35*a* 显示，材料中有单独存在的稀土元素铥，而由图 4-35*b* 可知，材料中的银是与稀土元素铥共存的。由此可知，实验制备的样品中确实含有稀土元素铥和金属银。并且，在材料中有一部分稀土元素铥与银共生附着在载体白炭黑上，而有一部分稀土元素铥则游离在材料中。

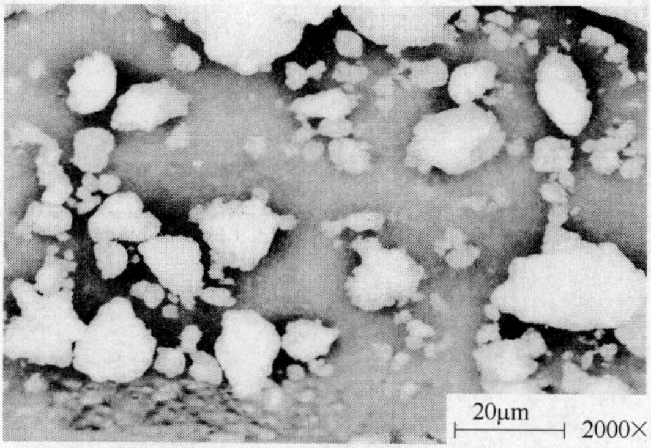

a

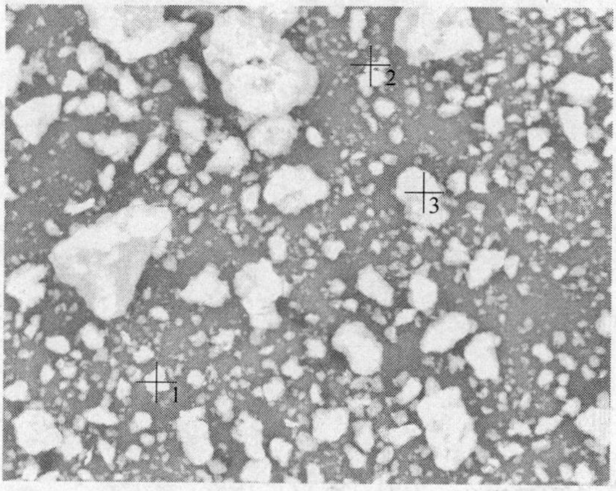

b

图 4-34　SEM 照片

a—白炭黑；*b*—Tm-Ag 抗菌白炭黑

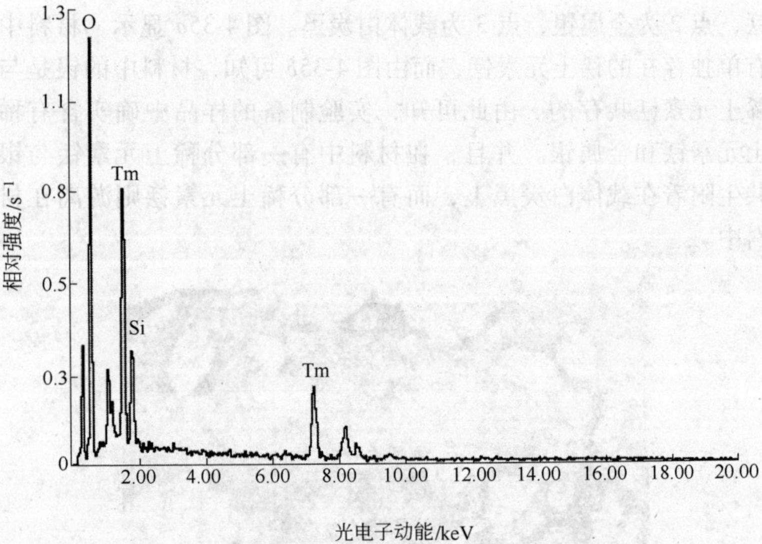
1.3
1.1
0.8
0.5
0.3
0
O
Tm
Si
Tm
2.00
4.00
6.00
8.00
10.00
12.00
14.00
16.00
18.00
20.00
相对强度/s^{-1}
光电子动能/keV

a

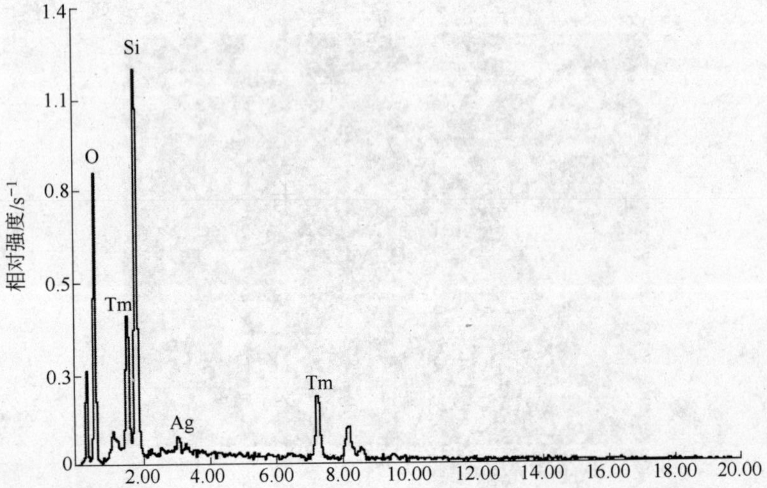
1.4
1.1
0.8
0.5
0.3
0
Si
O
Tm
Ag
Tm
2.00
4.00
6.00
8.00
10.00
12.00
14.00
16.00
18.00
20.00
相对强度/s^{-1}
光电子动能/keV

b

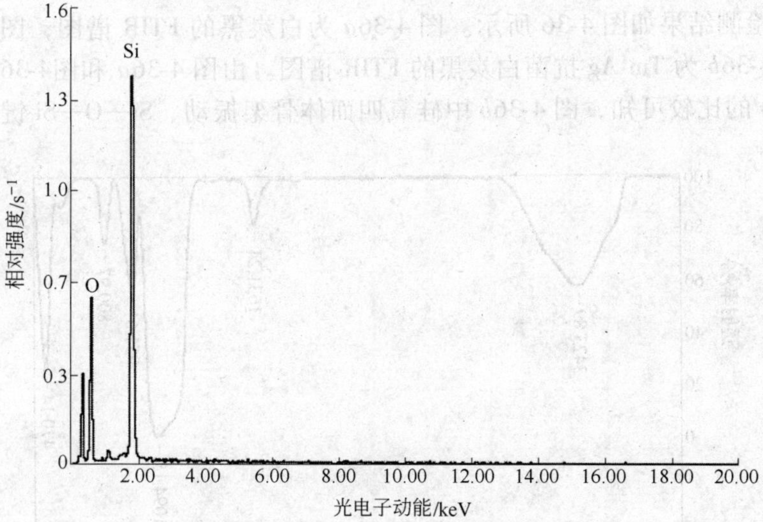

c

图 4-35　Tm-Ag 抗菌白炭黑 EDS 图

a—对应图 4-34*b* 中点 1；*b*—对应图 4-34*b* 中点 2；*c*—对应图 4-34*b* 中点 3

4.6.4　FTIR 分析

白炭黑中，硅氧基主要存在于脱除水分的白炭黑表面层上，除此之外，白炭黑微粒的表面层上还有—OH 基团存在，—OH 基团大致有 3 种类型：隔离羟基、相邻羟基、硅氧羟基。白炭黑的红外吸收光谱主要表现为 Si—O 键的伸缩振动和弯曲振动、Si—OH 键的伸缩振动和弯曲振动。以上各振动的红外吸收范围为：硅氧四面体骨架振动 1640 ~ 1620cm^{-1}；Si—O 键的伸缩振动 1110 ~ 1000cm^{-1}，Si—O 键的弯曲振动 900 ~ 600cm^{-1}；Si—O—Si键的伸缩振动 1090 ~ 1030cm^{-1}，Si—O—Si 键的弯曲振动小于 650cm^{-1}；Si—OH 键的伸缩振动 3700 ~ 3200cm^{-1}，Si—OH键的弯曲振动约为 1030cm^{-1}。

实验通过傅里叶红外光谱（FTIR）对白炭黑载入抗菌离

子银和稀土元素铥后，各基团振动频率的变化情况进行表征。检测结果如图 4-36 所示。图 4-36*a* 为白炭黑的 FTIR 谱图，图 4-36*b* 为 Tm-Ag 抗菌白炭黑的 FTIR 谱图。由图 4-36*a* 和图4-36*b* 的比较可知，图 4-36*b* 中硅氧四面体骨架振动、Si—O—Si 键

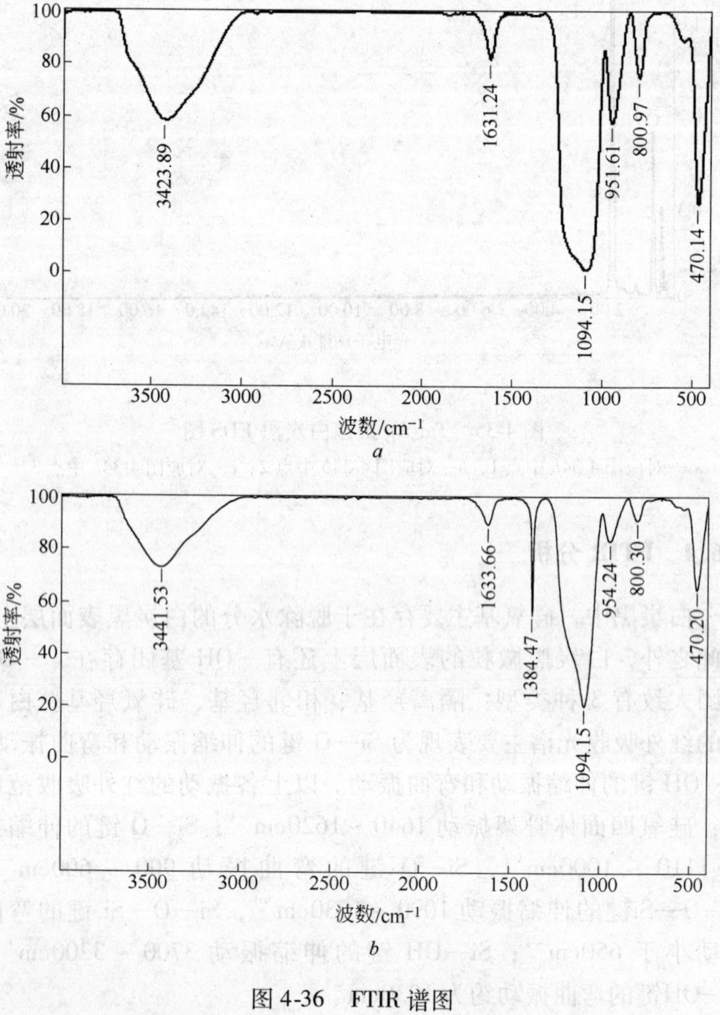

图 4-36　FTIR 谱图

a—白炭黑 FTIR 谱图；*b*—Tm-Ag 抗菌白炭黑 FTIR 谱图

的伸缩振动、Si—O—Si 键的弯曲振动、Si—OH 键的伸缩振动和 Si—OH 键的弯曲振动的吸收峰均向高频方向移动。影响基团频率位移的内部因素有电效应（诱导效应、共轭效应、偶极场效应）、氢键、振动的耦合、费米共振、立体障碍（空间位阻）和环的张力。在 Tm-Ag 抗菌白炭黑中，基团频率发生位移的主要影响因素是电效应中的诱导效应和空间位阻。由于银和稀土元素铥的电负性大，通过静电诱导作用引起化学键电荷分布的变化，改变了键力常数而导致硅氧四面体骨架振动、Si—O—Si 键的伸缩振动、Si—O—Si 键的弯曲振动、Si—OH 键的伸缩振动和 Si—OH 键的弯曲振动的振动频率增加。同样由于银离子和铥离子的半径大，造成空间立体障碍使上述各键的振动频率增加。其中，1384.47cm^{-1}处的振动，显示出有游离的银存在。

总体来说，白炭黑载入抗菌离子银和稀土元素铥后，结构并未发生重大变化，并不影响白炭黑原有的各项性能，因此抗菌白炭黑可广泛应用于白炭黑适用的各种领域。

4.7 Yb-Ag 抗菌白炭黑

镱的元素符号是 Yb，英文名 Ytterbium，在第六周期ⅢB族，原子序数 70，相对原子质量 173。它的常见化合价为 +2 价和 +3 价，外围电子排布 $4f^{14}6s^2$，单质密度 6.98g·cm^{-3}，单质熔点 824.0℃，单质沸点 1466.0℃。氧化物有 YbO、Yb_2O_3。镱的密度为 6.98g·cm^{-3}，地壳中含量为 $3.3\times10^{-4}\%$。

1842 年莫桑德尔从钇土中分离出铒土和铽土后，不少化学家利用光谱分析鉴定，确定它们不是纯净的一种元素的氧化物，1878 年瑞士化学家马里纳克从铒土中分离出一个新元素的氧化物，把这个新元素命名为 Ytterbium，符号为 Yb，翻译为镱，这一名称和钇、铒、铽的命名一样，都是来自首先发现了钇矿的瑞典的乙特比（Ytterby）小镇。

金属镱为银灰色，有延展性，质地较软，室温下镱能被空气和水缓慢氧化。制备金属镱不宜用电解法，而采用还原蒸馏法进行制备和提纯。通常以金属镧为还原剂，利用镱金属高蒸气压和镧金属低蒸气压的差别进行还原蒸馏。也可以采用铥镱镥富集物为原料，以金属镧为还原剂，在高于1100℃和小于0.133Pa的高温真空条件下，通过还原-蒸馏的方法直接提取金属镱。像钐和铕一样，镱也可采用湿法还原进行分离和提纯。通常采用铥镱镥富集物为原料，溶解后将镱还原成二价状态，造成显著的性质差异后将其与其他三价稀土进行分离。制取高纯氧化镱通常采用萃取色层法或离子交换法。

镱离子由于拥有优异的光谱特性，可以用作光通讯的光纤放大材料。铒镱共掺的磷酸盐玻璃受到越来越多研究者的青睐。引入 Yb^{3+}，制成铒镱共掺光纤，就可大大改善光纤放大性能。掺 Yb^{3+} 光纤放大器可以实现功率放大和小信号放大，因而可用于光纤传感器、自由空间激光通信和超短脉冲放大等领域。镱的光谱特性还被用作优质激光材料，既被用作激光晶体，也被用作激光玻璃和光纤激光器。镱还被用于荧光粉激活剂、无线电陶瓷、电子计算机记忆元件（磁泡）添加剂和光学玻璃添加剂等。

4.7.1 Yb-Ag 抗菌白炭黑的制备

将预热好的一部分水玻璃和小苏打注入恒温（90℃）反应器中，在300~500r·min^{-1}转速下进行第1步反应。待第1步反应结束后，调低转速至100~200r·min^{-1}，加入剩余的水玻璃，稍后加入剩余的小苏打进行第2步反应。调pH值至1~3，反应0.5h。向其中加入适量稀土固定剂和硝酸镱，待反应稳定后加入硝酸银，继续反应1~2h。反应结束后趁热抽滤，称量滤液体积并保存以备离子检测用。滤饼用分散剂处理后送烘箱，在120℃下进行干燥，将烘干的样品研碎，过200目筛子，所得即为Yb-Ag抗菌白炭黑。

4.7.2 反应条件与 Yb-Ag 抗菌白炭黑性能的关系

影响 Yb-Ag 抗菌白炭黑性能的因素很多，例如：反应温度、反应时间、稀土金属离子镱的浓度、反应液的 pH 值、搅拌器的转速等。下面仅从镱离子的浓度、反应温度、反应时间三方面进行介绍。

4.7.2.1 硝酸镱浓度对 Yb-Ag 抗菌白炭黑杀菌率的影响

在各种影响因素中镱离子的浓度是影响 Yb-Ag 抗菌白炭黑杀菌率的最主要的因素。为探讨镥离子浓度与材料杀菌率的关系，分别用 0.0001mol · L^{-1}、0.0005mol · L^{-1}、0.001mol · L^{-1}、0.005mol · L^{-1}和 0.01mol · L^{-1}浓度的硝酸镱进行实验（反应温度 90℃，反应时间 1h）。其结果如图 4-37 所示。

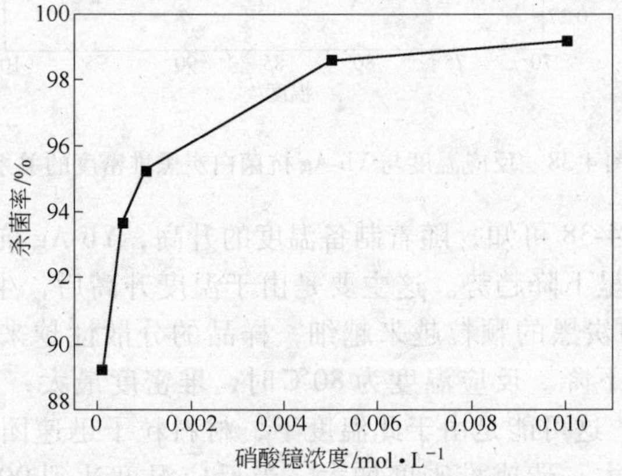

图 4-37 硝酸镱浓度与 Yb-Ag 抗菌白炭黑杀菌率的关系

由图 4-37 可知，随着硝酸镱浓度的增大（由 0.0001mol · L^{-1} 增加到 0.01mol · L^{-1}），Yb-Ag 抗菌白炭黑的杀菌率逐渐增大。当硝酸镱浓度达到 0.005mol · L^{-1}时，再增大硝酸镱的浓度，杀菌率变化已不再明显。因此，制备 Yb-Ag 抗菌白炭黑时，硝酸镱的最佳浓度为 0.005mol · L^{-1}。

4.7.2.2　反应温度对 Yb-Ag 抗菌白炭黑堆密度的影响

为探讨反应温度与材料堆密度的关系，分别在 75℃、80℃、85℃、90℃和 95℃下进行实验（反应时间 1h，镱离子浓度 0.005mol · L^{-1}）。其结果如图 4-38 所示。

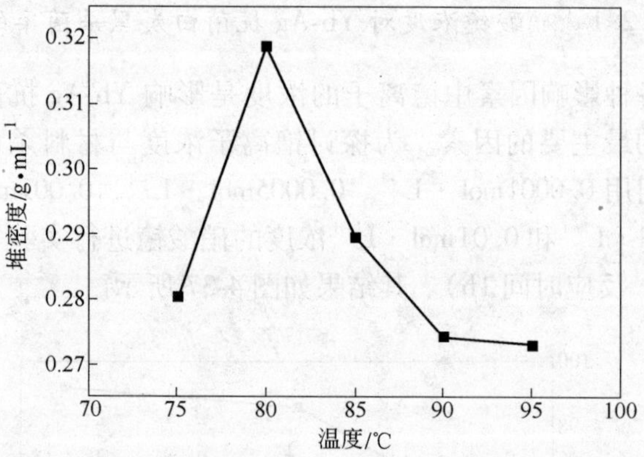

图 4-38　反应温度与 Yb-Ag 抗菌白炭黑堆密度的关系

由图 4-38 可知，随着制备温度的升高，Yb-Ag 抗菌白炭黑的堆密度呈下降趋势。这主要是由于温度升高后，生成的 Yb-Ag 抗菌白炭黑的颗粒越来越细，样品的分散性越来越好，致使堆密度下降。反应温度为 80℃时，堆密度最大，为 0.3190 g · mL^{-1}，这可能是由于此温度下，材料粒子迅速团聚致使颗粒迅速增大，造成堆密度增大。当反应温度达到 90℃时，堆密度的变化变得较平缓，所以制备 Yb-Ag 抗菌白炭黑的最佳温度是 90℃。

4.7.2.3　反应时间对 Yb-Ag 抗菌白炭黑堆密度的影响

反应时间是影响材料堆密度的主要因素之一。实验分别在 15min、30min、45min、60min 和 75min 下进行（反应温度 90℃，镱离子浓度 0.005mol · L^{-1})。其结果如图 4-39 所示。

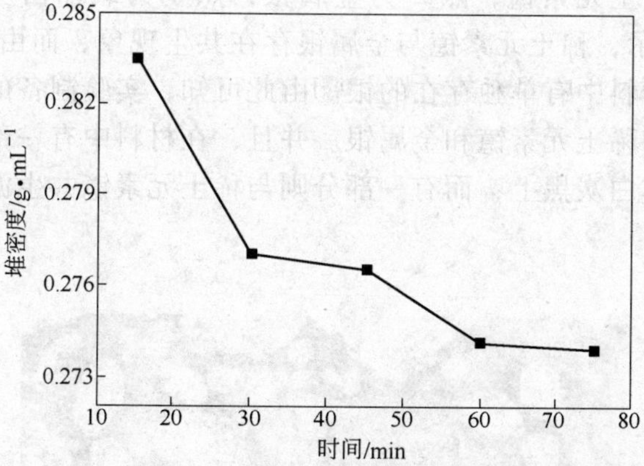

图 4-39 反应时间与 Yb-Ag 抗菌白炭黑堆密度的关系

由图 4-39 可知，随着制备时间的延长，Yb-Ag 抗菌白炭黑的堆密度呈下降趋势。这主要是由于反应时间延长后，生成的 Yb-Ag 抗菌白炭黑的颗粒越来越均匀、细小，样品的分散性越来越好，致使堆密度下降。当反应时间小于 60min 时，Yb-Ag 抗菌白炭黑的堆密度受反应温度的影响比较显著；当反应时间达到 60min 时，堆密度的变化变得较平缓，所以制备 Yb-Ag 抗菌白炭黑的最佳时间是 60min。

4.7.3 SEM 和 EDS 分析

实验通过扫描电镜（SEM）和能谱（EDS）对 Yb-Ag 抗菌白炭黑的组成、形态、结构等性能进行表征。检测结果如图 4-40和图 4-41 所示。图 4-40*a* 为白炭黑的 SEM 照片，图4-40*b* 为 Yb-Ag 抗菌白炭黑的 SEM 照片。由图 4-40 可知，白炭黑和 Yb-Ag 抗菌白炭黑均为无定型结构，颗粒大小较均匀，结构松散，两者粒径大小相当。图 4-41 为图 4-40*b* 的 EDS 图片，其中图 4-41*a* 对应图 4-40*b* 中点 1，图 4-41*b* 对应图 4-40*b* 中点

2，图 4-41c 对应图 4-40b 中点 3。从图 4-41 可知，图 4-40 中点 1 为稀土元素镱，点 2 为金属银，点 3 为载体白炭黑。图 4-41a 显示，稀土元素镱与金属银存在共生现象，而由图4-41b 可知，材料中有单独存在的银。由此可知，实验制备的样品中确实含有稀土元素镱和金属银。并且，在材料中有一部分银附着在载体白炭黑上，而有一部分则与稀土元素镱共生游离在材料中。

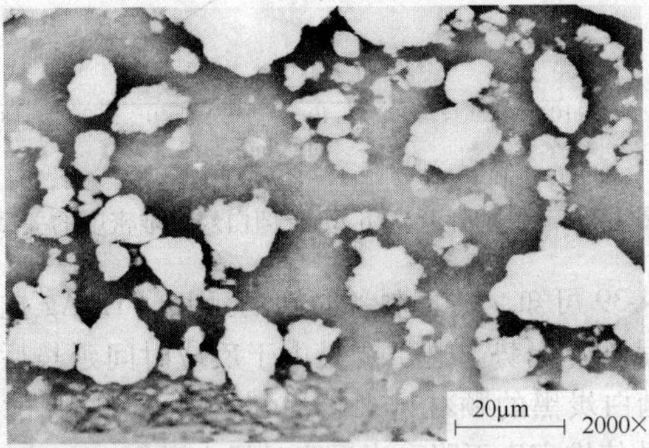

a

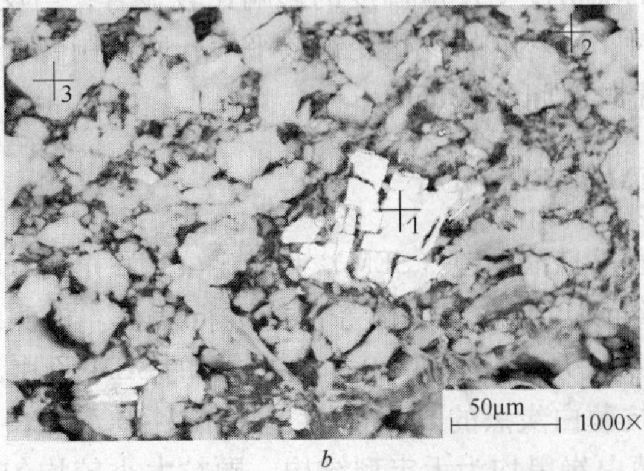

b

图 4-40　SEM 照片

a—白炭黑；*b*—Yb-Ag 抗菌白炭黑

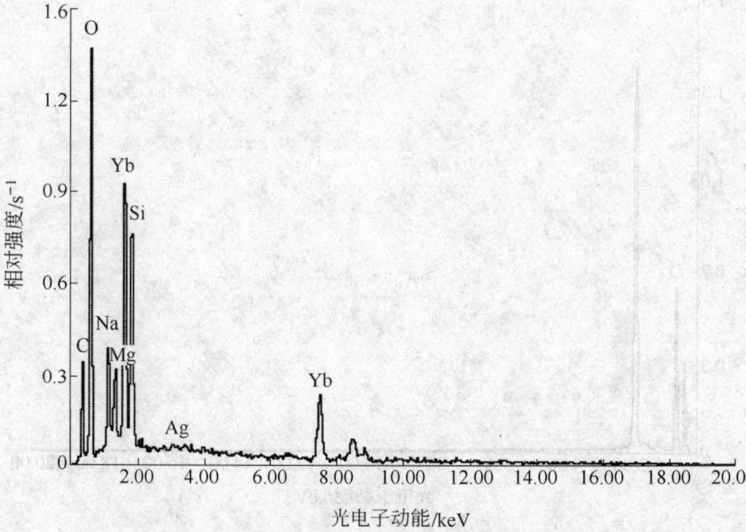

相对强度/s⁻¹
O
Yb
Si
Na
C
Mg
Yb
Ag
光电子动能/keV

a

相对强度/s⁻¹
Si
O
Na
C
Ag
光电子动能/keV

b

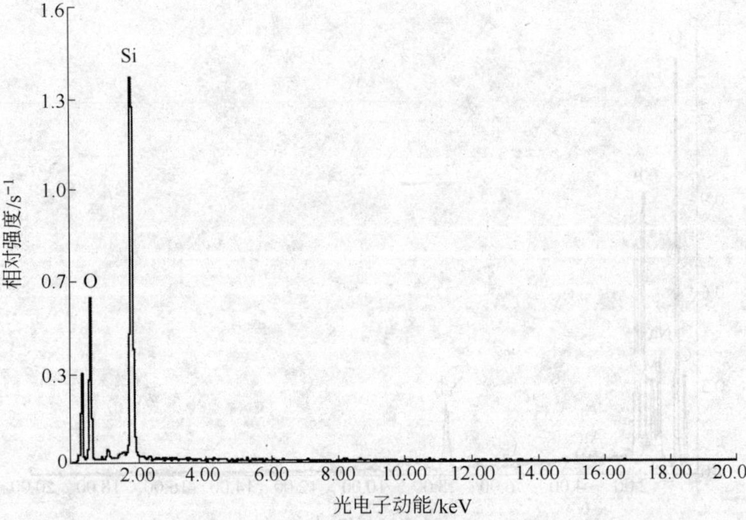

c

图 4-41　Yb-Ag 抗菌白炭黑 EDS 图

a—对应图 4-40*b* 中点 1；*b*—对应图 4-40*b* 中点 2；*c*—对应图 4-40*b* 中点 3

4.7.4　FTIR 分析

白炭黑中，硅氧基主要存在于脱除水分的白炭黑表面层上，除此之外，白炭黑微粒的表面层上还有—OH 基团存在，—OH 基团大致有 3 种类型：隔离羟基、相邻羟基、硅氧羟基。白炭黑的红外吸收光谱主要表现为 Si—O 键的伸缩振动和弯曲振动、Si—OH 键的伸缩振动和弯曲振动。以上各振动的红外吸收范围为：硅氧四面体骨架振动 1640 ~ 1620cm^{-1}；Si—O 键的伸缩振动 1110 ~ 1000cm^{-1}，Si—O 键的弯曲振动 900 ~ 600cm^{-1}；Si—O—Si键的伸缩振动 1090 ~ 1030cm^{-1}，Si—O—Si 键的弯曲振动小于 650cm^{-1}；Si—OH 键的伸缩振动 3700 ~ 3200cm^{-1}，Si—OH键的弯曲振动约为 1030cm^{-1}。

实验通过傅里叶红外光谱（FTIR）对白炭黑载入抗菌离

子银和稀土元素镱后，各基团振动频率的变化情况进行表征。检测结果如图 4-42 所示。图 4-42*a* 为白炭黑的 FTIR 谱图，图4-42*b* 为 Yb-Ag 抗菌白炭黑的 FTIR 谱图。由图 4-42*a* 和图 4-42*b* 的比较可知，图 4-42*b* 中所有吸收峰均向高频方

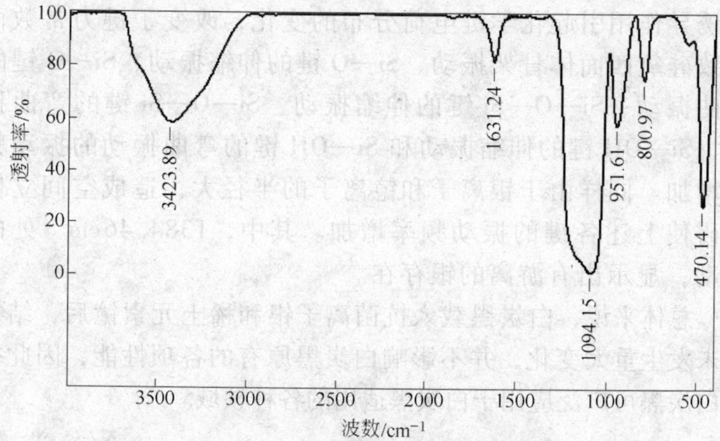

a

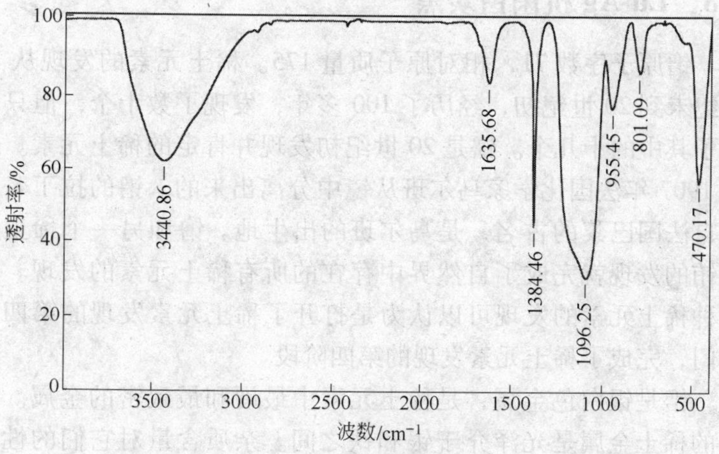

b

图 4-42 FTIR 谱图

a—白炭黑 FTIR 谱图；*b*—Yb-Ag 抗菌白炭黑 FTIR 谱图

向移动。影响基团频率位移的内部因素有电效应（诱导效应、共轭效应、偶极场效应）、氢键、振动的耦合、费米共振、立体障碍（空间位阻）和环的张力。在 Yb-Ag 抗菌白炭黑中，基团频率发生位移的主要影响因素是电效应中的诱导效应和空间位阻。由于银和稀土元素镱的电负性大，通过静电诱导作用引起化学键电荷分布的变化，改变了键力常数而导致硅氧四面体骨架振动、Si—O 键的伸缩振动、Si—O 键的弯曲振动、Si—O—Si 键的伸缩振动、Si—O—Si 键的弯曲振动、Si—OH 键的伸缩振动和 Si—OH 键的弯曲振动的振动频率增加。同样由于银离子和镱离子的半径大，造成空间立体障碍使上述各键的振动频率增加。其中，1384.46cm^{-1}处的振动，显示出有游离的银存在。

总体来说，白炭黑载入抗菌离子银和稀土元素镱后，结构并未发生重大变化，并不影响白炭黑原有的各项性能，因此抗菌白炭黑可广泛应用于白炭黑适用的各种领域。

4.8 Lu-Ag 抗菌白炭黑

镥原子序数 71，相对原子质量 175。稀土元素的发现从 18 世纪末到 20 世纪初，经历了 100 多年，发现了数十个，但只肯定了其中的十几个。镥是 20 世纪初发现并肯定的稀土元素。这是 1907 年法国化学家乌尔班从镱中分离出来的。镥的拉丁名称来自法国巴黎的古名，是乌尔班的出生地。镥和另一个稀土元素铕的发现就完成了自然界中存在的所有稀土元素的发现。这两种稀土元素的发现可以认为是打开了稀土元素发现的第四座大门，完成了稀土元素发现的第四阶段。

镥是银白色金属，是稀土元素中最硬和最致密的金属。熔镥的稀土金属是光泽介于银和铁之间。杂质含量对它们的性质影响很大，因而载于文献中物理性质常有明显差异。镥熔点 1663℃，沸点 3395℃，密度 9.85$g \cdot cm^{-3}$，原子半径 0.225nm。镥在空气中比较稳定，氧化镥为无色晶体，溶于酸生成相应的无色盐。镥主要用于研究工作，其他用途很少。镥质软，溶于稀酸，能与水缓慢作用。其盐类无色，氧化物呈白色。天然存在的同位素有：^{175}Lu 和半衰期为 2.1×10^{10} 年的 β 发射体 ^{176}Lu。镥在自然界储量极少，价格较贵，由氟化镥（$LuF_3\cdot2H_2O$）用钙还原而制得，用于原子能工业。

硝酸镥（$Lu(NO_3)_3\cdot5H_2O$），相对分子质量为 468.97，为白色块状固体物质，易潮解，溶于水和酸。

4.8.1　Lu-Ag 抗菌白炭黑的制备

将预热好的一部分水玻璃和小苏打注入恒温（90℃）反应器中，在 $300\sim500r\cdot min^{-1}$ 转速下进行第 1 步反应。待第 1 步反应结束后，调低转速至 $100\sim200r\cdot min^{-1}$，加入剩余的水玻璃，稍后加入剩余的小苏打进行第 2 步反应。调 pH 值至 1 ~ 3，反应 0.5h。向其中加入适量稀土固定剂和硝酸镥，待反应稳定后加入硝酸银，继续反应 1 ~ 2h。反应结束后趁热抽滤，称量滤液体积并保存以备离子检测用。滤饼用分散剂处理后送烘箱，在 120℃ 下进行干燥，将烘干的样品研碎，过 200 目筛子，所得即为 Lu-Ag 抗菌白炭黑。

4.8.2　反应条件与 Lu-Ag 抗菌白炭黑性能的关系

影响 Lu-Ag 抗菌白炭黑性能的因素很多，例如：反应温度、反应时间、稀土金属离子镥的浓度、反应液的 pH 值、搅拌器的转速等。下面仅从镥离子的浓度、反应温度、反应时间三方面进行介绍。

4.8.2.1　硝酸镥浓度对 Lu-Ag 抗菌白炭黑杀菌率的影响

在各种影响因素中镥离子的浓度是影响 Lu-Ag 抗菌白炭黑杀菌率的最主要的因素。为探讨镥离子浓度与材料杀菌率的关系，分别用 $0.0001mol\cdot L^{-1}$、$0.0005mol\cdot L^{-1}$、$0.001mol\cdot L^{-1}$、

$0.005mol \cdot L^{-1}$和$0.01mol \cdot L^{-1}$浓度的硝酸镥进行实验（反应温度90℃，反应时间1h）。其结果如图4-43所示。

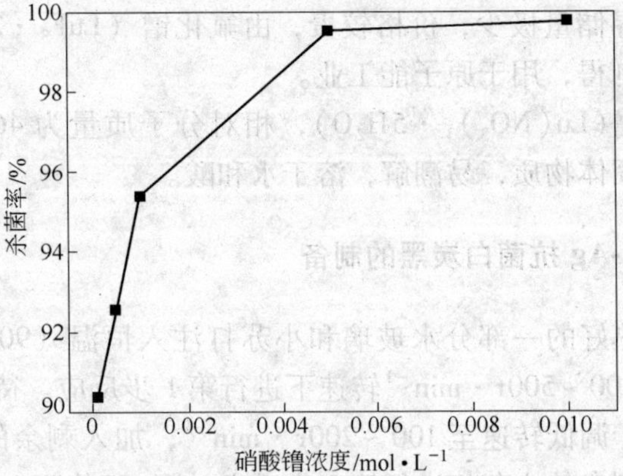

图4-43　硝酸镥浓度与Lu-Ag抗菌白炭黑杀菌率的关系

由图4-43可知，随着硝酸镥浓度的增大（由$0.0001mol \cdot L^{-1}$增加到$0.01mol \cdot L^{-1}$），Lu-Ag抗菌白炭黑的杀菌率逐渐增大。当硝酸镥浓度达到$0.005mol \cdot L^{-1}$时，再增大硝酸镥的浓度，杀菌率变化已不再明显。因此，制备Lu-Ag抗菌白炭黑时，硝酸镥的最佳浓度为$0.005mol \cdot L^{-1}$。

4.8.2.2　反应温度对Lu-Ag抗菌白炭黑堆密度的影响

为探讨反应温度与材料堆密度的关系，分别在75℃、80℃、85℃、90℃和95℃下进行实验（反应时间1h，镥离子浓度$0.005mol \cdot L^{-1}$）。其结果如图4-44所示。

由图4-44可知，随着制备温度的升高，Lu-Ag抗菌白炭黑的堆密度呈下降趋势。这主要是由于温度升高后，生成的Lu-Ag抗菌白炭黑的颗粒越来越细，样品的分散性越来越好，致使堆密度下降。当反应温度小于90℃时，Lu-Ag抗菌白炭黑的堆密度受反应温度的影响比较显著；当反应温度达到90℃时，堆密度的变化

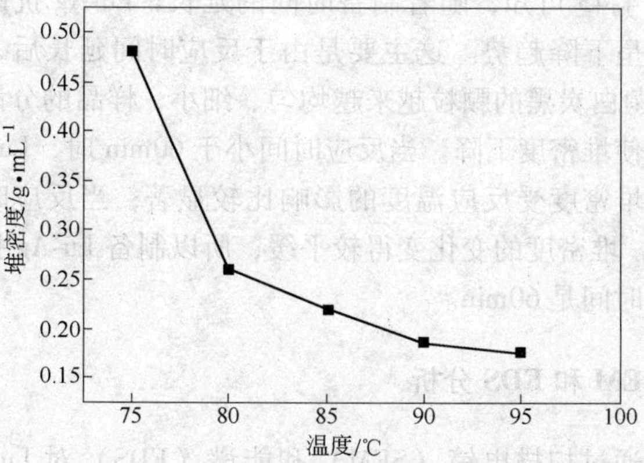

图 4-44 反应温度与 Lu-Ag 抗菌白炭黑堆密度的关系

变得较平缓，所以制备 Lu-Ag 抗菌白炭黑的最佳温度是 90℃。

4.8.2.3 反应时间对 Lu-Ag 抗菌白炭黑堆密度的影响

反应时间是影响材料堆密度的主要因素之一。实验分别在 15min、30min、45min、60min 和 75min 下进行（反应温度 90℃，镥离子浓度 0.005mol · L^{-1}）。其结果如图 4-45 所示。

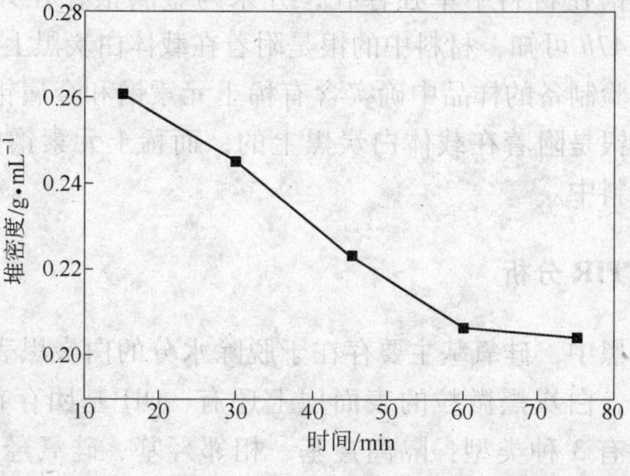

图 4-45 反应时间与 Lu-Ag 抗菌白炭黑堆密度的关系

由图4-45可知，随着制备时间的延长，Lu-Ag抗菌白炭黑的堆密度呈下降趋势。这主要是由于反应时间延长后，生成的Lu-Ag抗菌白炭黑的颗粒越来越均匀、细小，样品的分散性越来越好，致使堆密度下降。当反应时间小于60min时，Lu-Ag抗菌白炭黑的堆密度受反应温度的影响比较显著；当反应时间达到60min时，堆密度的变化变得较平缓，所以制备Lu-Ag抗菌白炭黑的最佳时间是60min。

4.8.3 SEM和EDS分析

实验通过扫描电镜（SEM）和能谱（EDS）对Lu-Ag抗菌白炭黑的组成、形态、结构等性能进行表征。检测结果如图4-46和图4-47所示。图4-46*a*为白炭黑的SEM照片，图4-46*b*为Lu-Ag抗菌白炭黑的SEM照片。由图4-46可知，白炭黑和Lu-Ag抗菌白炭黑均为无定型结构，颗粒大小较均匀，结构松散，两者粒径大小相当。图4-47为图4-46*b*的EDS图片，其中图4-47*a*对应图4-46*b*中点1，图4-47*b*对应图4-46*b*中点2，图4-47*c*对应图4-46*b*中点3。从图4-47可知，图4-46中点1为稀土元素镥，点2为金属银，点3为载体白炭黑。图4-47*a*显示，稀土元素镥在材料中单独存在，并未与金属银存在共生现象，而由图4-47*b*可知，材料中的银是附着在载体白炭黑上的。由此可知，实验制备的样品中确实含有稀土元素镥和金属银。并且，在材料中银是附着在载体白炭黑上的，而稀土元素镥则是单独游离在材料中。

4.8.4 FTIR分析

白炭黑中，硅氧基主要存在于脱除水分的白炭黑表面层上，除此之外，白炭黑微粒的表面层上还有—OH基团存在，—OH基团大致有3种类型：隔离羟基、相邻羟基、硅氧羟基。白炭黑的红外吸收光谱主要表现为Si—O键的伸缩振动和弯曲振动，

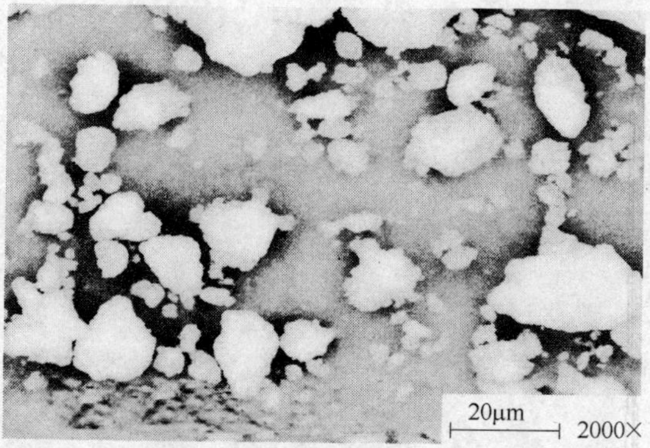

a

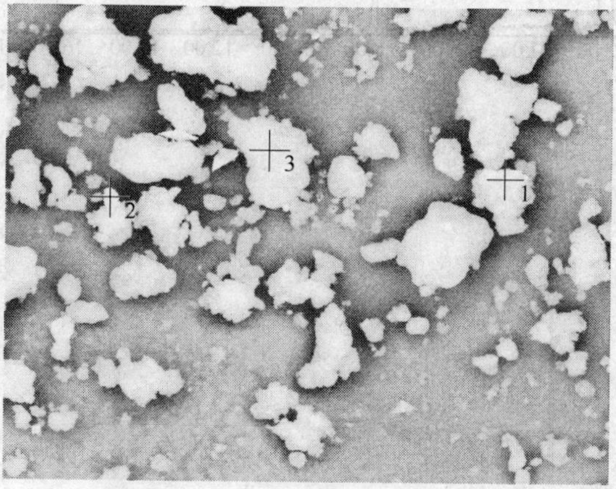

b

图 4-46　SEM 照片

a—白炭黑；*b*—Lu-Ag 抗菌白炭黑

Si—OH 键的伸缩振动和弯曲振动。以上各振动的红外吸收范围为：硅氧四面体骨架振动 1640 ~ 1620cm^{-1}；Si—O 键的伸缩振动 1110 ~ 1000cm^{-1}，Si—O 键的弯曲振动 900 ~ 600cm^{-1}；Si—O—Si键的伸缩振动 1090 ~ 1030cm^{-1}，Si—O—Si 键的弯曲振动小于 650cm^{-1}；Si—OH 键的伸缩振动 3700 ~ 3200cm^{-1}，

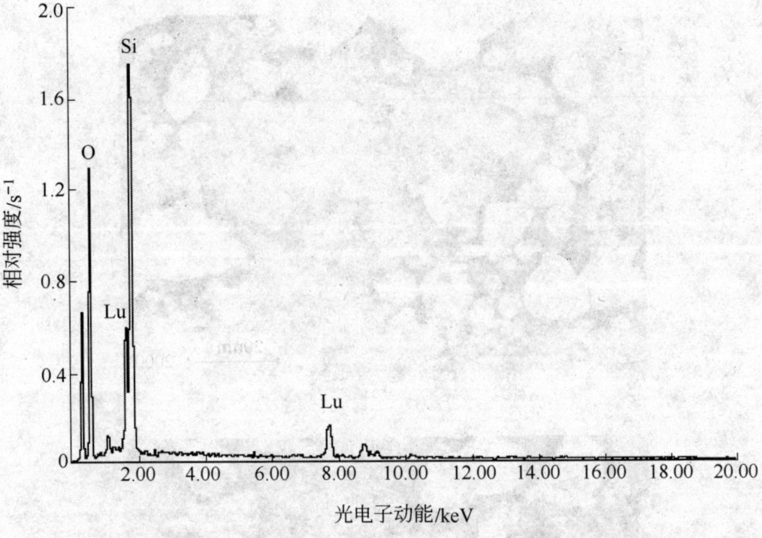

2.0
1.6
1.2
0.8
0.4
0
Si
O
Lu
Lu
相对强度/s^{-1}
2.00
4.00
6.00
8.00
10.00
12.00
14.00
16.00
18.00
20.00
光电子动能/keV

a

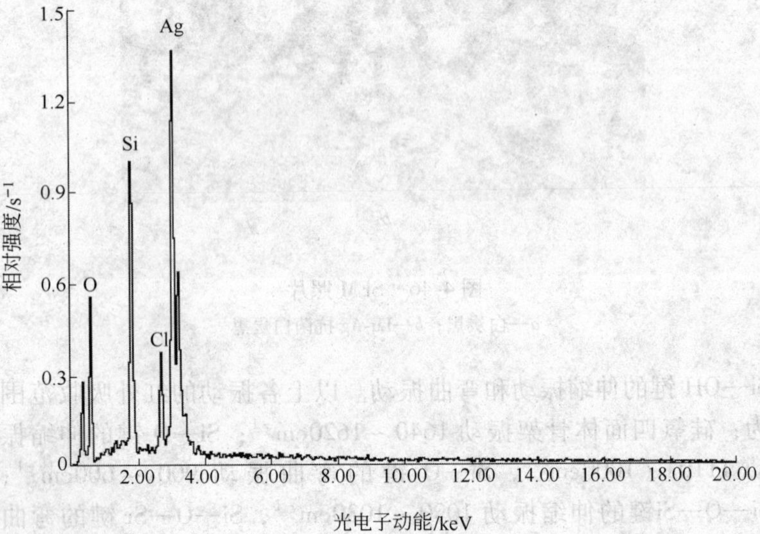

1.5
1.2
0.9
0.6
0.3
0
Ag
Si
O
Cl
相对强度/s^{-1}
2.00
4.00
6.00
8.00
10.00
12.00
14.00
16.00
18.00
20.00
光电子动能/keV

b

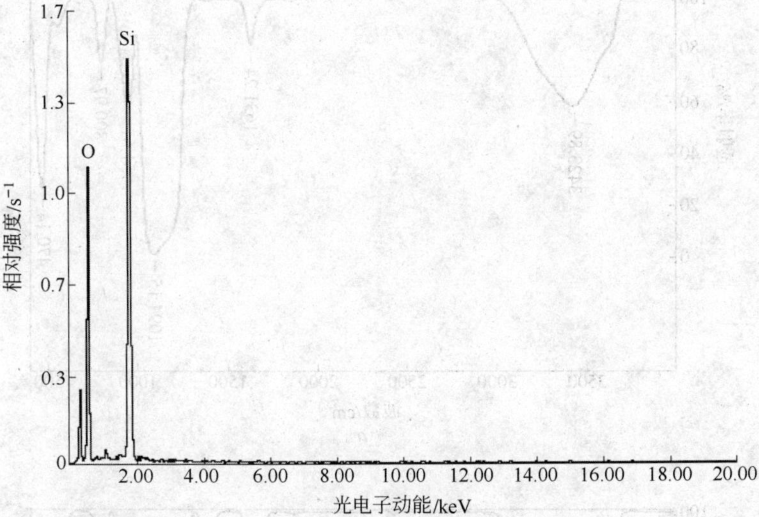

c

图 4-47　Lu-Ag 抗菌白炭黑 EDS 图

a—对应图 4-46*b* 中点 1；*b*—对应图 4-46*b* 中点 2；*c*—对应图 4-46*b* 中点 3

Si—OH键的弯曲振动约为 1030cm^{-1}。

实验通过傅里叶红外光谱（FTIR）对白炭黑载入抗菌离子银和稀土元素镥后，各基团振动频率的变化情况进行表征。检测结果如图 4-48 所示。图 4-48*a* 为白炭黑的 FTIR 谱图，图 4-48*b* 为 Lu-Ag 抗菌白炭黑的 FTIR 谱图。由图 4-48*a* 和图 4-48*b*的比较可知，图 4-48*b* 中硅氧四面体骨架振动、Si—O—Si键的伸缩振动、Si—O—Si 键的弯曲振动、Si—OH 键的伸缩振动和 Si—OH 键的弯曲振动的吸收峰均向高频方向移动。影响基团频率位移的内部因素有电效应（诱导效应、共轭效应、偶极场效应）、氢键、振动的耦合、费米共振、立体障碍（空间位阻）和环的张力。在 Lu-Ag 抗菌白炭黑中，基团频率发生位移的主要影响因素是电效应中的诱导效应和空间位阻。由于银和稀土元素镥的电负性大，通过静电诱导作用引起

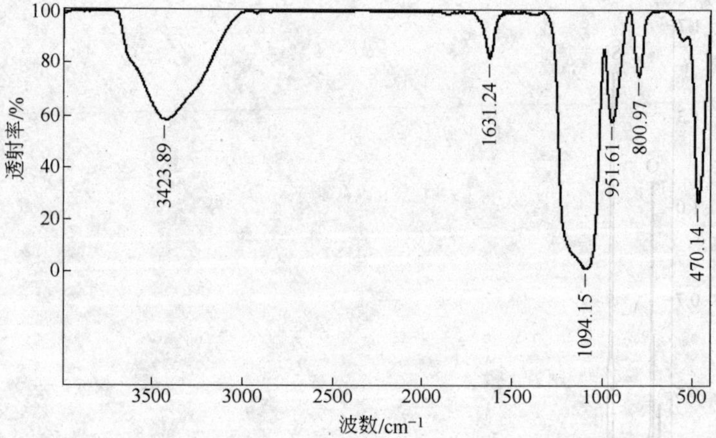

a

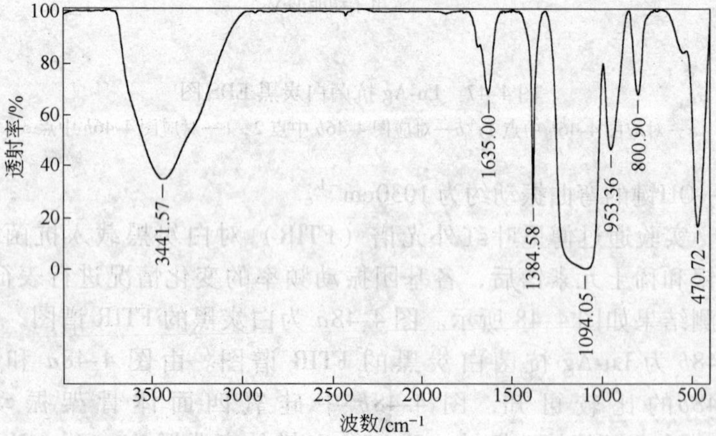

b

图 4-48 FTIR 谱图

a—白炭黑 FTIR 谱图；*b*—Lu-Ag 抗菌白炭黑 FTIR 谱图

化学键电荷分布的变化，改变了键力常数而导致硅氧四面体骨架振动、Si—O—Si 键的伸缩振动、Si—O—Si 键的弯曲振动、Si—OH 键的伸缩振动和 Si—OH 键的弯曲振动的振动频率增加。同样由于银离子和镥离子的半径大，造成空间立体障碍使上述各键的振动频率增加。其中，1384.58cm^{-1}处的振动，显示出有游离的银存在。

总体来说，白炭黑载入抗菌离子银和稀土元素镥后，结构并未发生重大变化，并不影响白炭黑原有的各项性能，因此抗菌白炭黑可广泛应用于白炭黑适用的各种领域。

4.9 Y-Ag 抗菌白炭黑

钇，英文名称 yttrium，元素符号 Y。第五周期ⅢB 族元素，原子序数 39，相对原子质量 88.91，质子数 39，摩尔质量 89。电子构型为 $1s^2 2s^2 p^6 3s^2 p^6 d^{10} 4s^2 p^6 d^1 5s^2$。晶体结构属六方晶胞。

钇是一种灰色金属，可用于制做特种玻璃和合金。密度 4.4689$g \cdot cm^{-3}$，熔点 1522℃，沸点 3338℃，化合价 +3 价，第一电离能 6.38eV。钇易燃，与热水能起反应，易溶于稀酸。其表面能够形成一层氧化膜而稳定存在于空气中。钇常与其他稀土元素共存，如含钇、镝、铒、铥等的矿物：磷钇矿、氟碳钙钇矿、钇易解石、褐钇铌矿、黑稀金矿。

钇在地壳中含量很大，仅次于铈，丰度为 28%，因而首先在稀土元素中被发现。钇的拉丁名称 Yttrium 和元素符号 Y 是从瑞典首都斯德哥尔摩附近的一个小镇乙特比（Ytterby）的名称而来。因为钇是从这个小镇上的一种黑色矿石中发现的。1794 年芬兰矿物学家、化学家加多林分析了这块矿石，发现其中含有一种当时不知道的新金属氧化物，它的性质部分与氧化钙相似，部分与氧化铝相似，就把这种新金属的氧化物称为钇土。

钇主要用作制造微波用磁性材料和军工用重要材料（钇铝石榴石 $Y_3Al_5O_{12}$用作激光材料，钇铁石榴石 $Y_3Fe_5O_{12}$用于微波技术及声能换送），也用作光学玻璃、陶瓷材料添加剂、大屏幕电视用高亮度荧光粉和其他显像管涂料（掺铕的钒酸钇 YVO_4：Eu 及掺铕的氧化钇 Y_2O_3：Eu 用作彩色电视机的荧光粉），还用于制造薄膜电容器和特种耐火材料，以及高压水银灯、激光、储存元件等的磁泡材料。此外，钇还是当今最热门的高温超导材料。所谓超导，是指物体在低于某个温度下，其电阻突然降为零的现象。这一现象可应用于磁悬浮列车等即将实现的技术中，著名的钇钡铜氧高温超导体就是其中之一。钇也因为高温超导而越来越受到人们的关注。

4.9.1 Y-Ag 抗菌白炭黑的制备

将预热好的一部分水玻璃和小苏打注入恒温（90℃）反应器中，在 300 ~ 500r · min^{-1}转速下进行第 1 步反应。待第 1 步反应结束后，调低转速至 100 ~ 200r · min^{-1}，加入剩余的水玻璃，稍后加入剩余的小苏打进行第 2 步反应。调 pH 值至 1 ~ 3，反应 0.5h。向其中加入适量稀土固定剂和硝酸钇，待反应稳定后加入硝酸银，继续反应 1 ~ 2h。反应结束后趁热抽滤，称量滤液体积并保存以备离子检测用。滤饼用分散剂处理后送烘箱，在 120℃下进行干燥，将烘干的样品研碎，过 200 目筛子，所得即为 Y-Ag 抗菌白炭黑。

4.9.2 反应条件与 Y-Ag 抗菌白炭黑性能的关系

影响 Y-Ag 抗菌白炭黑性能的因素很多，例如：反应温度、反应时间、稀土金属离子钇的浓度、反应液的 pH 值、搅拌器的转速等。下面仅从钇离子的浓度、反应温度、反应时间三方面进行介绍。

4.9.2.1 硝酸钇浓度对 Y-Ag 抗菌白炭黑杀菌率的影响

在各种影响因素中钇离子的浓度是影响 Y-Ag 抗菌白炭黑杀菌率的最主要的因素。为探讨钇离子浓度与材料杀菌率的关系，分别用 0.0001mol · L^{-1}、0.0005mol · L^{-1}、0.001mol · L^{-1}、0.005mol · L^{-1}和 0.01mol · L^{-1}浓度的硝酸钇进行实验（反应温度 90℃，反应时间 1h）。其结果如图 4-49 所示。

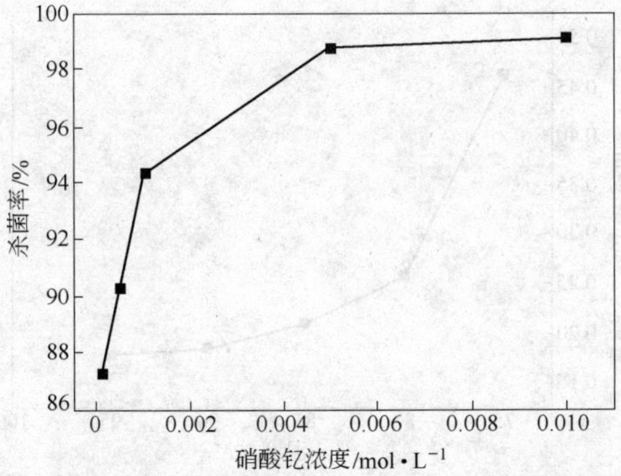

图 4-49　硝酸钇浓度与 Y-Ag 抗菌白炭黑杀菌率的关系

由图 4-49 可知，随着硝酸钇浓度的增大（由 0.0001mol·L^{-1} 增加到 0.01mol·L^{-1}），Y-Ag 抗菌白炭黑的杀菌率逐渐增大。当硝酸钇浓度达到 0.005mol·L^{-1}时，再增大硝酸钇的浓度，杀菌率变化已不再明显。因此，制备 Y-Ag 抗菌白炭黑时，硝酸钇的最佳浓度为 0.005mol·L^{-1}。

4.9.2.2　反应温度对 Y-Ag 抗菌白炭黑堆密度的影响

为探讨反应温度与材料堆密度的关系，分别在 75℃、80℃、85℃、90℃和 95℃下进行实验（反应时间 1h，钇离子浓度 0.005mol·L^{-1}）。其结果如图 4-50 所示。

由图 4-50 可知，随着制备温度的升高，Y-Ag 抗菌白炭黑的堆密度呈下降趋势。这主要是由于温度升高后，生成的 Y-Ag 抗菌白炭黑的颗粒越来越细，样品的分散性越来越好，致使堆密度下降。当反应温度小于 90℃时，Y-Ag 抗菌白炭黑的堆密度受反应温度的影响比较显著；当反应温度达到 90℃时，堆密度的变化变得较平缓，所以制备 Y-Ag 抗菌白炭黑的最佳温度是 90℃。

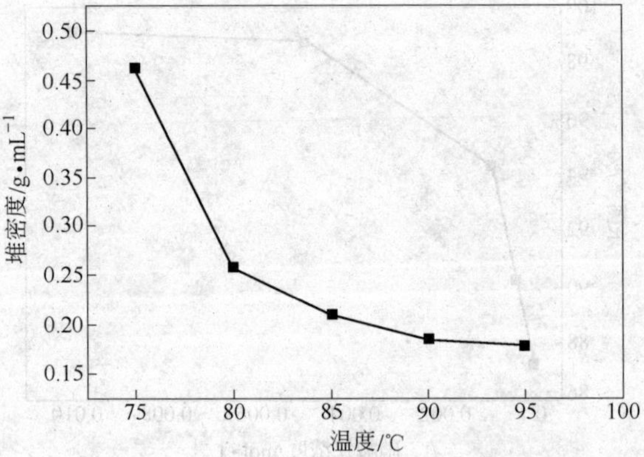

图 4-50　反应温度与 Y-Ag 抗菌白炭黑堆密度的关系

4.9.2.3　反应时间对 Y-Ag 抗菌白炭黑堆密度的影响

反应时间是影响材料堆密度的主要因素之一。实验分别在 15min、30min、45min、60min 和 75min 下进行（反应温度 90℃，钇离子浓度 0.005mol · L^{-1}）。其结果如图 4-51 所示。

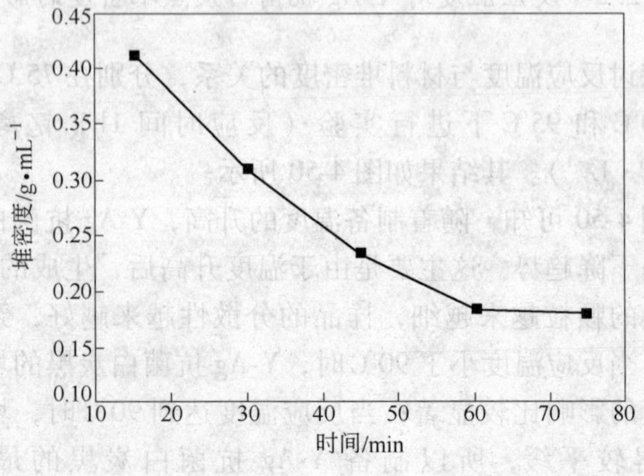

图 4-51　反应时间与 Y-Ag 抗菌白炭黑堆密度的关系

由图 4-51 可知，随着制备时间的延长，Y-Ag 抗菌白炭黑的堆密度呈下降趋势。这主要是由于反应时间延长后，生成的 Y-Ag 抗菌白炭黑的颗粒越来越均匀、细小，样品的分散性越来越好，致使堆密度下降。当反应时间小于 60min 时，Y-Ag 抗菌白炭黑的堆密度受反应温度的影响比较显著；当反应时间达到 60min 时，堆密度的变化变得较平缓，所以制备 Y-Ag 抗菌白炭黑的最佳时间是 60min。

4.9.3 SEM 和 EDS 分析

实验通过扫描电镜（SEM）和能谱（EDS）对 Y-Ag 抗菌白炭黑的组成、形态、结构等性能进行表征。检测结果如图4-52和图 4-53 所示。图 4-52*a* 为白炭黑的 SEM 照片，图 4-52*b* 为 Y-Ag 抗菌白炭黑的 SEM 照片。由图 4-52 可知，白炭黑和 Y-Ag 抗菌白炭黑均为无定型结构，颗粒大小较均匀，结构松散，两者粒径大小相当。图 4-53 为图 4-52*b* 的 EDS 图片，其中图 4-53*a* 对应图 4-52*b* 中点 1，图 4-53*b* 对应图 4-52*b* 中点 2，图 4-53*c* 对应图 4-52*b* 中点 3。从图 4-53 可知，图 4-52 中点 1 为稀土元素钇，点 2 为金属银，点 3 为载体白炭黑。图 4-53*a* 显示，稀土元素钇与金属银存在共生现象，而由图 4-53*b* 可知，材料中有单独存在的银。由此可知，实验制备的样品中确实含有稀土元素钇和金属银。并且，在材料中有一部分银附着在载体白炭黑上，而有一部分则与稀土元素钇共生游离在材料中。

4.9.4 FTIR 分析

白炭黑中，硅氧基主要存在于脱除水分的白炭黑表面层上，除此之外，白炭黑微粒的表面层上还有—OH 基团存在，—OH 基团大致有 3 种类型：隔离羟基、相邻羟基、硅氧羟基。白炭黑的红外吸收光谱主要表现为 Si—O 键的伸缩振动和弯曲振动、Si—OH 键的伸缩振动和弯曲振动。以上各振动的红外吸收范围为：硅氧四面体骨架振动 1640 ~ 1620cm^{-1}；Si—O 键的伸缩振动 1110 ~ 1000cm^{-1}，Si—O 键的弯曲振动 900 ~ 600cm^{-1}；Si—

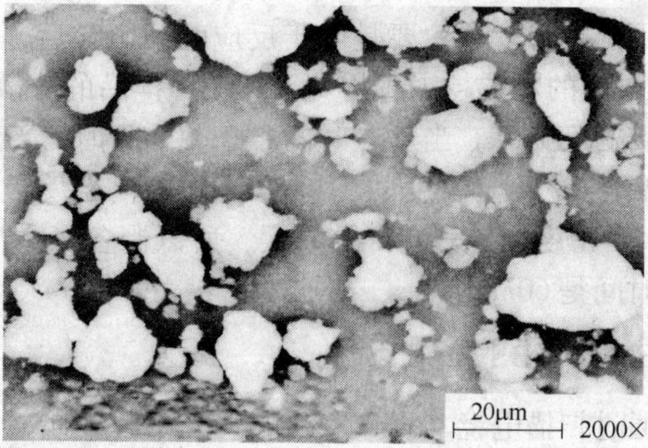

a

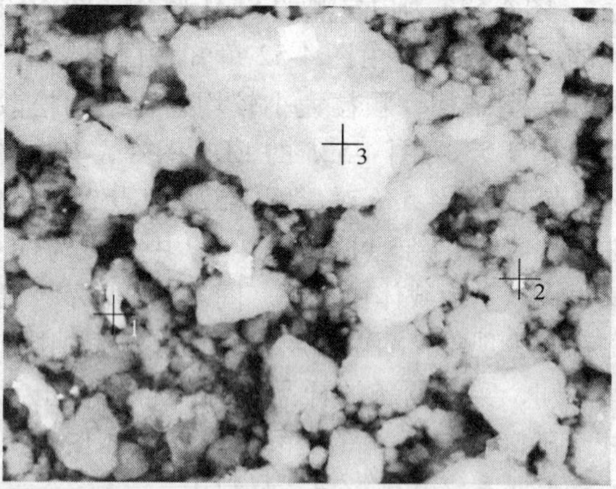

b

图 4-52　SEM 照片

a—白炭黑；*b*—Y-Ag 抗菌白炭黑

O—Si 键的伸缩振动 1090 ~ 1030cm^{-1}，Si—O—Si 键的弯曲振动小于 650cm^{-1}；Si—OH 键的伸缩振动 3700 ~ 3200cm^{-1}，Si—OH 键的弯曲振动约为 1030cm^{-1}。

实验通过傅里叶红外光谱（FTIR）对白炭黑载入抗菌离子银和稀土元素钇后，各基团振动频率的变化情况进行表征。检

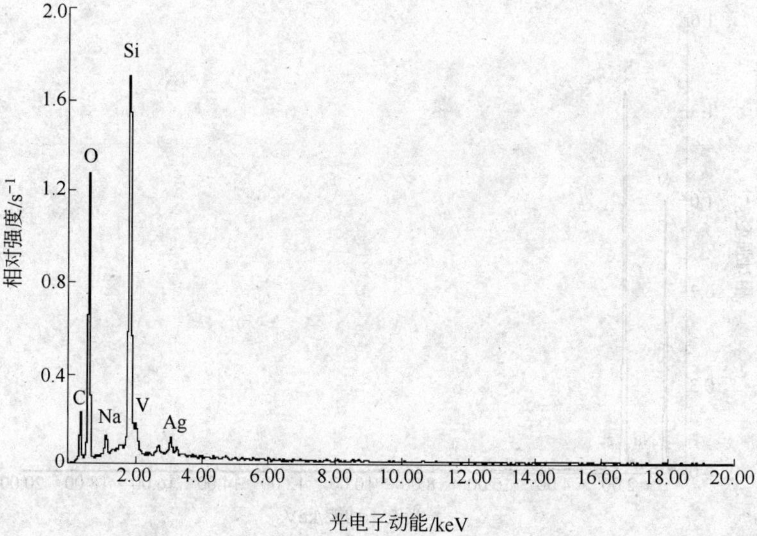
2.0
1.6
1.2
0.8
0.4
0
相对强度/s⁻¹
Si
O
C
Na
V
Ag
2.00
4.00
6.00
8.00
10.00
12.00
14.00
16.00
18.00
20.00
光电子动能/keV

a

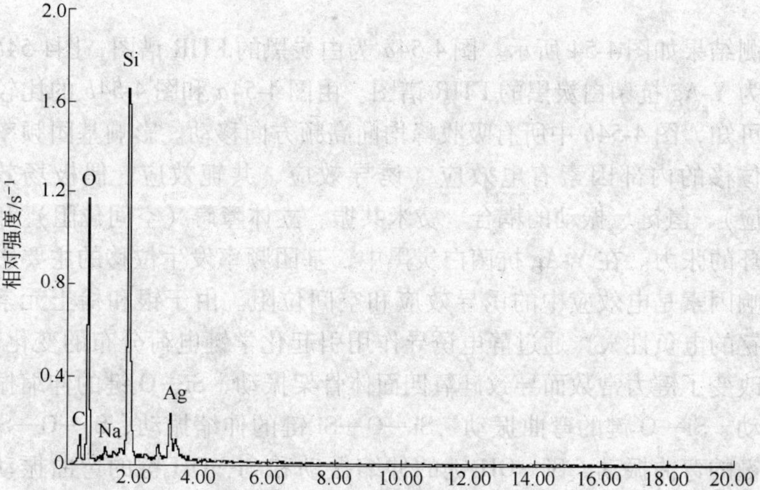
2.0
1.6
1.2
0.8
0.4
0
相对强度/s⁻¹
Si
O
C
Na
Ag
2.00
4.00
6.00
8.00
10.00
12.00
14.00
16.00
18.00
20.00
光电子动能/keV

b

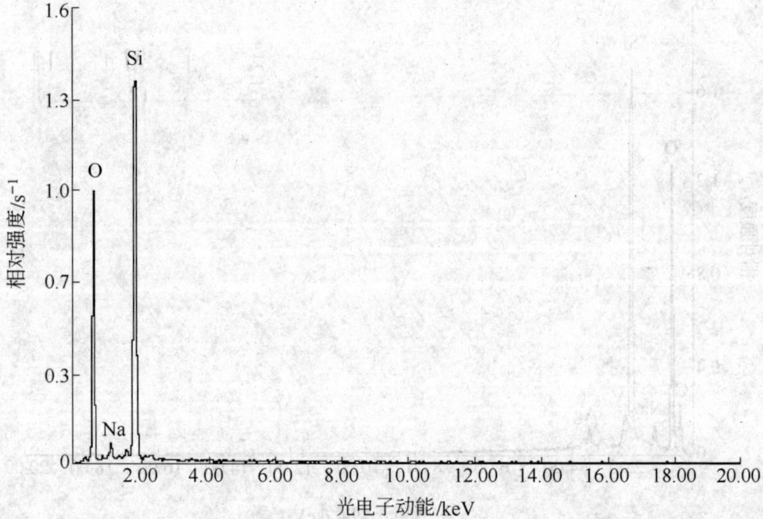

c

图 4-53　Y-Ag 抗菌白炭黑 EDS 图

a—对应图 4-52*b* 中点 1；*b*—对应图 4-52*b* 中点 2；*c*—对应图 4-52*b* 中点 3

测结果如图 4-54 所示。图 4-54*a* 为白炭黑的 FTIR 谱图，图4-54*b* 为 Y-Ag 抗菌白炭黑的 FTIR 谱图。由图 4-54*a* 和图 4-54*b* 的比较可知，图 4-54*b* 中所有吸收峰均向高频方向移动。影响基团频率位移的内部因素有电效应（诱导效应、共轭效应、偶极场效应）、氢键、振动的耦合、费米共振、立体障碍（空间位阻）和环的张力。在 Y-Ag 抗菌白炭黑中，基团频率发生位移的主要影响因素是电效应中的诱导效应和空间位阻。由于银和稀土元素钇的电负性大，通过静电诱导作用引起化学键电荷分布的变化，改变了键力常数而导致硅氧四面体骨架振动、Si—O 键的伸缩振动、Si—O 键的弯曲振动、Si—O—Si 键的伸缩振动、Si—O—Si 键的弯曲振动、Si—OH 键的伸缩振动和 Si—OH 键的弯曲振动的振动频率增加。同样由于银离子和钇离子的半径大，造成空间立体障碍使上述各键的振动频率增加。其中，1384.58cm^{-1}处

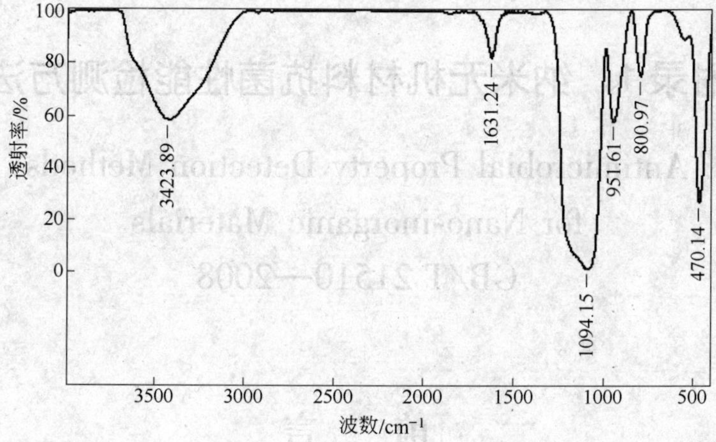

a

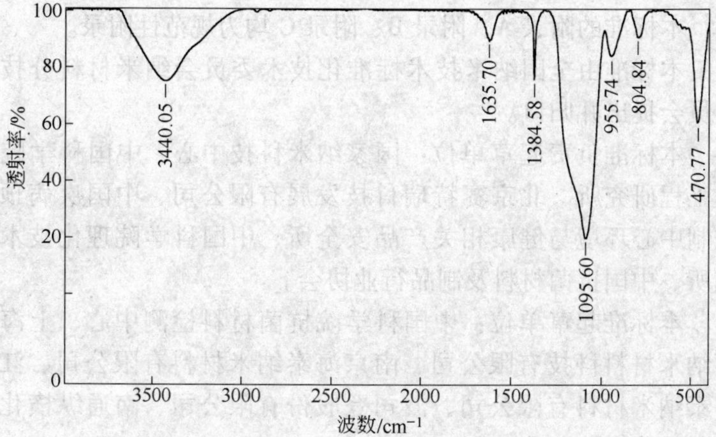

b

图 4-54　FTIR 谱图

a—白炭黑 FTIR 谱图；*b*—Y-Ag 抗菌白炭黑 FTIR 谱图

的振动，显示出有游离的银存在。

总体来说，白炭黑载入抗菌离子银和稀土元素钇后，结构并未发生重大变化，并不影响白炭黑原有的各项性能，因此抗菌白炭黑可广泛应用于白炭黑适用的各种领域。

附录1　纳米无机材料抗菌性能检测方法

Antimicrobial Property Detection Methods for Nano-inorganic Materials GB/T 21510—2008

前　言

本标准的附录A、附录B、附录C均为规范性附录。

本标准由全国纳米技术标准化技术委员会纳米材料分技术委员会提出并归口。

本标准负责起草单位：国家纳米科技中心、中国科学院过程工程研究所、北京赛特瑞科技发展有限公司、中国疾病预防控制中心环境与健康相关产品安全所、中国科学院理化技术研究所、中国抗菌材料及制品行业协会。

本标准起草单位：中国科学院抗菌材料检测中心、上海润河纳米材料科技有限公司、南京海泰纳米材料有限公司、江苏常泰纳米材料有限公司、波司登股份有限公司、南通纵横化工有限公司参加起草。

本标准主要起草人：陈运法、刘秀岩、季君晖、付玲、王开利、任玉枝、吴镇江、丁培。

1　范围

本标准规定了纳米无机材料抗菌性能的术语和定义、试验方法、试验数据处理、检测结果计算、检测报告和注意事项等。

本标准适用于纳米抗菌粉末以及以纳米抗菌粉末为抗菌功

能组分（结构单元）的材料，如纤维、织物、塑料、涂料和陶瓷等。其他材料的抗菌性能检测也可以参照本标准执行。

2 规范性引用文件

下列文件中的条款通过本标准的引用而成为本标准的条款。凡是注日期的引用文件，其随后所有的修改单（不包括勘误的内容）或修订版均不适用于本标准。然而，鼓励根据本标准达成协议的各方研究是否可使用这些文件的最新版本。凡是不注日期的引用文件，其最新版本适用于本标准。

GB/T 19619　纳米材料术语

GB/T 13221　纳米粉末粒度分布的测定　X 射线小角散射法

中华人民共和国卫生部《化妆品卫生规范》（2002 年版）

3 术语和定义

GB/T 19619 确立的以及下列术语和定义适用于本标准。

3.1

抑菌

具有抑制或妨碍细菌或真菌生长繁殖及其活性的作用。

3.2

杀菌

具有杀灭细菌或真菌生长繁殖的作用。

3.3

抗菌

具有杀灭或妨碍细菌或真菌生长繁殖及其活性的作用。

3.4

纳米抗菌粉末

符合 GB/T 13221 要求，并具有抗菌作用的离散纳米颗粒的集合体。

3.5

纳米抗菌材料

纳米抗菌粉末以及以纳米抗菌粉末为抗菌功能组分（结构单元）的材料。

4 试验方法

4.1 纳米粉末抗菌性能的试验方法按附录A规定的方法进行。

4.2 纤维、织物、塑料粉体和微孔滤材等材料抗菌性能的试验方法按附录B规定的方法进行。

4.3 塑料、陶瓷、漆膜、板材和金属等硬质表面材料抗菌性能的试验方法按附录C规定的方法进行。

5 试验数据处理

将各平板菌落数乘以稀释倍数，即为样本实际回收菌落数。

6 检测结果计算

6.1 计算菌落数

将各平板菌落数乘以稀释倍数，即为样本实际回收菌数。

6.2 计算抗菌率

抗菌率可按式（1）计算，具体的评价指标由相应的产品标准规定。

$$R = (A - B)/A \times 100\% \tag{1}$$

式中 R——抗菌率,%；

A——对照样品与受试菌接触一定时间后平均回收菌数，单位为菌落形成单位每毫升（$cfu \cdot mL^{-1}$）；

B——试验样品与受试菌接触一定时间后平均回收菌数，单位为菌落形成单位每毫升（$cfu \cdot mL^{-1}$）。

7 检测报告

检测报告应包括以下内容：

a）受试样本名称、状态、加入量；

b）受试菌株；

c）接触时间；

d）检测日期；

e）检测结果，平均抗菌率应为各次试验抗菌率的算术平均值，抗菌率保留小数点后一位；

f）检测人员；

g）送检单位；

h）生产单位。

8 注意事项

8.1 微生物试验操作均应在生物安全柜中进行。

8.2 菌液滴染样片时，勿溢出片外。

8.3 振荡前须将振荡摇床上的三角烧瓶固定牢，以免碰破。

8.4 称量粉末样品时，操作人员应佩戴口罩，做好个人防护。

附　录　A

（规范性附录）

粉末抗菌性能试验方法　振荡法

A.1 适用范围

本试验方法适用于测定纳米粉末的抗菌性能。

A.2 试验设备和材料

A.2.1 试验设备

A_2 型二级生物安全柜、恒温振荡培养箱（$300r \cdot min^{-1}$）、恒温培养箱、压力蒸汽灭菌锅、电热恒温干烤箱（0～250℃）、冷藏冰箱、微波炉（输出功率≥700W）、天平（感量0.001g）。

A.2.2 试验器材

三角烧瓶（容量为500mL、250mL、150mL），平皿（直径为90mm）、试管（18mm×180mm）、量筒（100mL）、吸管（10mL、5mL、1mL）、酒精灯、试管架等。

A.2.3 培养基及试剂

A.2.3.1 普通营养肉汤培养基

蛋白胨 10g

牛肉膏 5g

氯化钠 5g

蒸馏水 1000mL

调 pH 值至 7.2 ~7.4，高压蒸汽灭菌 121℃，20min。

用途：用于金黄色葡萄球菌和大肠杆菌增菌培养。

A.2.3.2 普通营养琼脂培养基

蛋白胨 10g

牛肉膏 5g

氯化钠 5g

琼 脂 20g

蒸馏水 1000mL

调 pH 值至 7.2 ~7.4，高压蒸汽灭菌 121℃，20min。

用途：用于金黄色葡萄球菌和大肠杆菌的培养。

A.2.3.3 沙堡氏琼脂培养基

蛋白胨 10g

葡萄糖 40g

琼 脂 20g

蒸馏水 1000mL

调 pH 值至 5.4 ~5.8，高压蒸汽灭菌 115℃，30min。

用途：用于白色念珠菌的培养。

A.2.3.4 含 0.1%（体积分数）吐温-80 的磷酸盐缓冲液［PBS，0.03mol·L^{-1}，pH 值为 7.2 ~7.4］

磷酸氢二钠（Na_2HPO_4，无水）	2.83g
磷酸二氢钾（KH_2PO_4）	1.36g
非离子表面活性剂吐温－80	1.0g
蒸馏水	1000mL

高压蒸汽灭菌 121℃，20min。

用途：用于菌液和试验样本的稀释。

A. 2. 4 试验用标准菌种

金黄色葡萄球菌（staphylococcus aureus）ATCC6538、大肠杆菌（escherichia coli）8099 或 ATCC25922、白色念珠菌（candida albicans）ATCC10231。

注：根据产品的使用要求，可选用其他菌种或菌株作为试验用菌，但所有菌种或菌株必须由国际微生物菌种保藏中心或国家相应菌种保藏管理中心提供。

A. 2. 5 对照样本

二氧化硅粉末，要求粉末尺度不大于 100nm，纯度为 98% ~99%，不具有抗菌作用且对试验结果的判定无影响。

A. 3 试验程序

A. 3. 1 菌种斜面的制备

A. 3. 1. 1 菌种活化

取干菌种管，在无菌操作下打开，以毛细吸管加入适量营养肉汤，轻柔吹吸数次，使菌种融化分散。取含 5. 0 ~ 10. 0mL 营养肉汤培养基试管，滴入少许菌种悬液，置（37 ±1）℃培养 18 ~24h。

A. 3. 1. 2 分离

用接种环取第一代培养的菌悬液，划线接种于营养琼脂培养基平板上，在（37 ±1）℃培养 18 ~24h。

A. 3. 1. 3 纯化

挑取上述第二代培养物中典型菌落，接种于营养琼脂斜面，在（37 ±1）℃培养 18 ~24h，即为第三代培养物。

A. 3. 1. 4 菌种保藏

将菌种接种于营养琼脂培养基斜面上，在（37 ±1）℃培养 24h 后，在 0 ~5℃下保藏，一般不超过一个月转种 1 次。怀疑有污染时，应以菌落形态、革兰染色与生化试验等方法进行鉴定。

A. 3. 2 试验步骤

A. 3. 2. 1 菌悬液的制备

取菌种第三代至第八代的营养琼脂培养基斜面18～24h新鲜培养物，用5.0mL吸管吸取3.0～5.0mL的0.03mol·L^{-1}磷酸盐缓冲液加入斜面试管内，反复吸吹，洗下菌苔。将洗下的菌液移至另一试管中，用振荡器混匀后，用0.03mol·L^{-1}磷酸盐缓冲液稀释至适宜浓度（约为10^5cfu·mL^{-1}）。细菌繁殖体悬液应保存在4℃冰箱内备用且保存不应超过4h。

A.3.2.2 对照组样液的制备

称取对照样本(0.5±0.05)g粉末放入三角烧瓶中，加入95mL含0.1%吐温-80的磷酸盐缓冲液，混匀后，再加入5.0mL预制菌悬液。

A.3.2.3 试验组样液的制备

称取试验样本(0.5±0.05)g粉末放入三角烧瓶中，加入95mL含0.1%吐温-80的PBS，混匀后，再加入5.0mL预制菌悬液。

A.3.2.4 对照样本“0”接触时间活菌计数

振荡前，将对照样液经适当稀释，吸取1.0mL接种于灭菌平皿中，每样液平行接种两个平皿，倾注45～55℃已溶化的营养琼脂培养基，待琼脂培养基凝固后翻转平板，将上述平板置于（37±1)℃恒温培养箱中，做菌落计数。

A.3.2.5 振荡接触培养

将含对照样本和试验样本的三角烧瓶固定于恒温振荡培养箱的摇床上，在作用温度（37±1)℃条件下，以150r·min^{-1}速度，检测样品需要稀释后使用的材料振荡接触1～4h，不需要稀释直接使用的材料振荡接触4～24h。

A.3.2.6 振荡接触一定时间后活菌计数

振荡后的对照样液和试验样液经适当稀释后，分别取1.0mL的样液接种于灭菌平皿中，每样液平行接种两个子皿，倾注45～55℃已溶化的营养琼脂培养基，待琼脂培养基凝固后翻转平板，将上述平板置于（37±1)℃恒温培养箱中，做活菌培养计数。

A.3.2.7 阴性对照组

阴性对照组分别吸取试验同批次稀释液、培养基与试验样本一起放入（37 ±1）℃恒温培养箱中培养。观察有无污染。

A.3.2.8 观察结果

对细菌培养 46 ~ 48h 后观察最终结果，对白色念珠菌培养 70 ~ 72h 后观察最终结果。菌落计数按中华人民共和国卫生部《化妆品卫生规范》(2002 年版）中菌落总数测定方法。

A.3.2.9 试验次数

以上试验重复 3 次。

A.4 试验要求

A.4.1 “0”接触时间对照组的菌落数应在$(1 \sim 5) \times 10^4$cfu · mL^{-1}。阴性对照应无菌生长。

A.4.2 对照样本不应有明显的抗菌作用。经振荡后对照组回收菌落数不应低于“0”接触时间回收菌落数的 10%，否则试验无效。

附　录　B

（规范性附录）

材料抗菌性能试验方法　振荡法

B.1 适用范围

本试验适用于测定溶出性和非溶出性的纤维、织物、塑料粉体和微孔滤材等材料的抗菌性能。

B.2 试验设备和材料

B.2.1 试验设备、试验器材和试验用标准菌种

试验设备、试验器材和试验用标准菌种的要求应符合 A.2.1 ~ A.2.4 的规定。

B.2.2 对照样本

对照样本为纯棉平纹白布剪取的样片（32 支纱），样片本

身不具有抗菌作用且对试验结果的判定无影响。试验前应进行脱脂处理：将纯棉平纹白布放在含洗涤剂的水中煮沸 30min，用自来水漂洗 3 次；然后用蒸馏水煮沸 5min 后，再漂洗、晾干、熨平；在剪开前，按制备样片的大小抽去经纬纱，再按抽纱痕剪开。

B. 3 试验程序

B. 3. 1 菌种斜面的制备

菌种斜面的制备应符合 A. 3. 1 的规定。

B. 3. 2 试验步骤

B. 3. 2. 1 将抗菌织物样品剪成 10mm × 10mm，抗菌塑料、滤材、长丝、短纤、纱线按原状态采用，称取抗菌样本(1. 0 ± 0. 05)g 放入三角烧瓶中，加入 95mL 含 0. 1% 吐温-80 的 PBS，混匀后，再加入 5. 0mL 预制菌悬液。

B. 3. 2. 2 菌悬液的制备、对照组样液的制备、对照样本“0”接触时间活菌计数、振荡接触培养、振荡接触一定时间后活菌计数、阴性对照组、观察结果、试验次数等应符合 A. 3. 2. 1 ~ A. 3. 2. 2、A. 3. 2. 4 ~ A. 3. 2. 9 的规定。

B. 4 试验要求

试验要求应符合 A. 4 规定。

附　录　C

（规范性附录）

材料抗菌性能试验方法　贴膜法

C. 1 适用范围

本试验适用于测定非吸水性且可制成有一定面积的材料或涂层，如塑料、陶瓷、漆膜、板材和金属等硬质表面材料的抗菌性能。

C. 2 试验设备和材料

C.2.1 试验设备

A_2 型二级生物安全柜、恒温培养箱、压力蒸汽灭菌器、电热恒温干烤箱（0～250℃）、冷藏冰箱、微波炉（输出功率≥700W）。

C.2.2 试验器材

三角烧瓶（容量为500mL、250mL）、平皿（直径为90mm）、试管（18mm × 180mm）、量筒（100mL）、吸管（10mL、5mL、1mL）、移液管（精确度0.01mL）、酒精灯、试管架、70%乙醇（体积分数）和聚乙烯薄膜等。

C.2.3 培养基及试剂和试验用标准菌种

培养基及试剂和试验用标准菌种应符合A.2.3和A.2.4的规定。

C.3 试验程序

C.3.1 菌种斜面的制备

菌种斜面的制备应符合A.3.1规定。

C.3.2 试验步骤

C.3.2.1 覆盖膜的制备

覆盖膜采用聚乙烯薄膜，尺寸为40mm×40mm（±2mm），厚度为0.05～0.10mm。若试验样本规格较小，可按其表面积减小该覆盖膜尺寸，以使菌悬液不溢出为适。

C.3.2.2 对照样本

对照样本用卫生级高密度聚乙烯（HDPE）注塑成型，标准尺寸为50mm×50mm(±2mm)，厚度不大于5mm，要求其本身不具有抗菌作用且对试验结果的判定无影响。

C.3.2.3 试验组样本的制备

将试验样本制成标准尺寸为50mm×50mm(±2mm)，若试验样本规格较小，应不小于20mm×20mm。

C.3.2.4 样品的预处理

取对照样品和受检样品，用70%乙醇溶液擦拭其表面，5min后用无菌蒸馏水冲洗，自然干燥。若不适于消毒剂处理的样本，可根据样品特性直接用无菌蒸馏水冲洗或采用其他方法消毒，但不得影响其抗菌性能和干扰检测结果。

C.3.2.5 制备菌悬液

取菌种第三代至第八代的营养琼脂培养基斜面 18～24h 新鲜培养物，用 5.0mL 吸管吸取 3.0～5.0mL 的 0.03mol 磷酸盐缓冲液加入斜面试管内，反复吸吹，洗下菌苔。将洗下的菌液移至另一试管中，用振荡器混匀后，用 0.03mol·L^{-1} 磷酸盐缓冲液稀释至适宜浓度（约为 10^5cfu·mL^{-1}）。细菌繁殖体悬液应保存在 4℃冰箱内备用且保存不得超过 4h。

C.3.2.6 接种菌液

将对照样品和受检样品分别放入灭菌平皿中，吸取 0.2～0.5mL 试验菌液分别滴加在对照样品和受检样品表面，每个样品做 3 个平行样。用灭菌镊子夹起覆盖膜分别盖在样品表面并且要铺平，不得有气泡，使菌液均匀接触样品，盖好平皿，在 (37±1)℃、相对湿度 90% 条件下接触培养 16～24h。若检验的样品采用的是光触媒类抗菌剂，应根据样本试验要求，在恒温培养箱中安装光源。

C.3.2.7 菌落计数

经接触培养 16～24h 的样品，分别加入 20mL 洗脱液，反复洗脱 3 次样品及覆盖膜，将洗脱液移入三角烧瓶中，摇匀后经适当稀释，每样液平行接种两个平皿，倾注 45～55℃已溶化的营养琼脂培养基，待琼脂培养基凝固后翻转平板，将上述平板置于（37±1)℃恒温培养箱中，做活菌培养计数。

C.3.2.8 阴性对照组

阴性对照组应符合 A.3.2.7 的规定。

C.3.2.9 观察结果

观察结果应符合 A.3.2.8 的规定。

C.3.2.10 试验次数

以上试验重复 3 次。

C.4 试验要求

C. 4. 1　“0”接触时间对照组的菌落数应在（1～5）$\times 10^4$ cfu/片。阴性对照应无菌生长。

C. 4. 2　同一对照样品的3个平行活菌数值要符合以下要求：

（最高对数值－最低对数值）/平均对数值≤0.3

C. 4. 3　对照样本不应有明显的抗菌作用。经接触一定时间后对照组回收菌落数不应低于“0”接触时间回收菌落数的1/10，否则试验无效。

附录2　无机抗菌剂——性能及评价

Inorganic Antibacterial Agents-function and Evaluation HG/T 3794—2005

前　　言

本标准是在收集国内外有关无机抗菌剂的信息及生产企业标准的基础上制定的。

本标准由中国石油和化学工业协会提出。

本标准由全国橡胶与橡胶制品标准化技术委员会化学助剂分技术委员会归口。

本标准负责起草单位：鞍山市裕原塑胶抗菌剂有限公司。

本标准参加起草单位：广东省微生物分析检测中心、成都交大晶宇科技有限公司、上海维来新材料科技有限公司、江苏常泰纳米材料有限公司、海尔科化工程塑料国家工程研究中心股份有限公司。

本标准主要起草人：刘绍威、周柞万、李毕忠、余钢、张红、田树霖。

1　范围

本标准规定了无机抗菌剂的性能及试验方法。

本标准适用于含有银、铜、锌等金属离子的无机抗菌剂。

2　规范性引用文件

下列文件中的条款通过本标准的引用而成为本标准的

条款。凡是注日期的引用文件，其随后所有的修改单（不包括勘误的内容）或修订版均不适用于本标准。然而，鼓励根据本标准达成协议的各方研究是否可使用这些文件的最新版本。凡是不注日期的引用文件，其最新版本适用于本标准。

GB/T 6003.1　金属丝编织网试验筛

GB/T 6284　化工产品中水分含量测定的通用方法——重量法

GB/T 6678　化工产品采样通则

中华人民共和国卫生部《消毒技术规范》(2002 年)

3　术语和定义

下列术语和定义适用于本标准。

3.1

抗菌 antibacterial

采用化学或物理方法杀灭细菌或妨碍细菌生长繁殖及其活性的过程。

3.2

抑菌 bacteriostasis

采用化学或物理方法抑制细菌或妨碍细菌生长繁殖及其活性的过程。

3.3

最小抑菌浓度 minimali nhibitoryc oncentration（MIC）

抗（抑）菌剂抑制受试菌生长的最低浓度。

3.4

半数至死剂量 dose，medianlethal（LD_{50}）

在一定实验条件下，引起受试动物半数死亡的剂量。

4　性能

无机抗菌剂应符合表 1 所示的性能。

表 1 无机抗菌剂的性能

项目			指标
物理化学性能	外观		颜色均匀粉末
	筛余物（45μm）/%	≤	0.5
	水分/%	≤	2.0
抗菌性（MIC）	大肠杆菌 Escherichia coli 8099 或 ATCC11229/mg·L^{-1}	<	800
	金黄色葡萄球菌 Staphytoroccua aureus ATCC6538/mg·L^{-1}	<	800
安全性能	急性经口毒性试验，LD_{50}/mg·kg^{-1}	>	2000
	皮肤刺激性试验		无刺激性

5 采样

按照 GB/T 6678 的规定进行采样，采取分层采样法，每 10 箱（桶）抽取一箱（桶）不足 10 箱（桶）随机抽取一箱（桶），再从抽得的箱（桶）中随机采样 200g，将取得的样品分装于两个清洗干燥的广口瓶中，贴上标签并注明产品名称、采样日期、生产批号和采样人代号，一瓶送检，一瓶封存备查。

6 试验方法

6.1 物理化学性能

6.1.1 外观的测定

目测

6.1.2 筛余物的测定

6.1.2.1 仪器

a）试验筛符合 GB/T 6003.1 规定的 R40/3 系列，200mm × 50mm/0.045mm。

b）毛刷：1 号羊毛画笔。

c）电热恒温鼓风干燥箱。

6.1.2.2 分析步骤

称取约10g试样（精确至0.01g），一次或数次移入试验筛内，用毛刷在筛网上轻轻刷试样，使其通过筛网，直至筛下所垫黑纸没有试样痕迹。再用少量95%乙醇冲洗试验筛，将筛子连同筛余物一并移入恒温干燥箱内，在（105±5）℃下干燥。5h后，将筛余物全部移至已知质量的表面皿或硫酸纸中称量（精确至0.0002g）。

6.1.2.3 结果计算

筛余物以质量分数 W 计，数值以%表示，按式（1）计算：

$$W = m_1 / m \times 100 \quad (1)$$

式中 m_1——筛余物质量的数值，g；

m——试样质量的数值，g。

6.1.2.4 允许差

取两次平行测定结果的算术平均值为测定结果，两次平行测定结果的差值不大于0.05%。

6.1.3 水分的测定

按GB/T 6284的规定进行测定。

6.2 抗菌性能（最小抑菌浓度MIC）的测定

按照中华人民共和国卫生部《消毒技术规范》(2002年) 2.1.8规定的抗（抑）菌试验方法进行。

6.3 安全性能的测定

6.3.1 急性经口毒性试验

按照中华人民共和国卫生部《消毒技术规范》(2002年) 2.3.1规定的急性经口毒性试验方法进行。

6.3.2 皮肤刺激试验

按照中华人民共和国卫生部《消毒技术规范》(2002年) 2.3.3规定的皮肤刺激试验方法进行。

附录3　光催化抗菌材料及制品抗菌性能的评价

Photo-catalytic Antimicrobial Material's and Products——Assessment for Antimicrobial Activity and Efficacy GB/T 23763—2009

前　　言

本标准由中国石油和化学工业协会提出。

本标准由全国化学标准化技术委员会无机化工分会（SAC/TC63/SCI）归口。

本标准负责起草单位：中国科学院理化技术研究所。

本标准参加起草单位：东陶（中国）有限公司、湖南日之谷环保科技有限公司、广东微生物分析检测中心、攀枝花纳尔美环境科技有限公司。

本标准主要起草人：郑苏江、只金芳、高月红。

本标准为首次发布。

引　　言

随着社会的发展、科技的进步，光催化材料及制品的应用日渐广泛。为保护光催化抗菌产业的健康发展，建立评价体系，规范生产企业相关产品质量，规范市场准入及增强国际竞争力，特制定本标准。

本标准主要涉及光催化材料及制品的抗菌性能试验方法与评价，对于光催化材料及制品的其他性能如自清洁、空气净化、水体净化等试验方法可参考其他相关标准，本标准不涉及。

另外，光催化抗菌效果的长期保持性能涉及因素较多，需要进一步研究，本标准暂不涉及。

1 范围

本标准规定了光催化抗菌材料及制品的抗菌性能的术语和定义、抗菌性能的评价、试验方法和试验报告。

本标准适用于在光照激发下产生抗菌性能的光催化抗菌材料及制品，要求试验样品表面平整、与覆盖膜接触良好，其材质可以为玻璃、陶瓷、塑料、涂层、织物等。

2 规范性引用文件

下列文件中的条款通过本标准的引用而成为本标准的条款。凡是注日期的引用文件，其随后所有的修改单（不包括勘误的内容）或修订版均不适用于本标准，然而，鼓励根据本标准达成协议的各方研究是否可使用这些文件的最新版本。凡是不注日期的引用文件，其最新版本适用于本标准。

GB/T 4789.2　食品卫生微生物学检验　菌落总数测定

GB/T 6682—2008　分析实验室用水规格和试验方法（ISO 3696：1987，MOD）

3 术语和定义

下列术语和定义适用于本标准。

3.1

抑菌　bacteriostasis

抑制微生物生长繁殖的作用，称为抑菌。

3.2

杀菌　bactericide

具有杀死微生物营养体和繁殖体的作用，称为杀菌。

3.3

抗菌 antimicrobial

同时具有抑菌和杀菌作用，称为抗菌。

3.4

光催化 photo-catalysis

在一定光源激发下，所产生的催化作用，称为光催化。

4 抗菌性能的评价

按本标准规定的试验方法，得到的总抗细菌率（尺总）的评价：

抗细菌率≥90%，具有抗菌作用；

抗细菌率≥99%，具有较强的抗菌作用。

注：在报告上同时注明在365nm光源照射下的光催化抗菌贡献值（R_n）。

5 试验方法

5.1 安全提示

本试验方法中使用的紫外光源对于眼睛及皮肤具有伤害，操作者须小心谨慎！注意反应器须密闭，当光源打开时不要用眼睛直接观察。

本试验方法中使用的部分试剂具有腐蚀性，操作者须小心谨慎！如溅到皮肤或眼睛应立即用水冲洗，严重者应立即治疗。

5.2 一般规定

本标准所用试剂和水，在没有注明其他要求时，均指分析纯试剂和GB/T 6682—2008中规定的三级水。

5.3 设备

5.3.1 黑灯管（UVA）：主波长365nm

5.3.2 紫外照度计：传感器在UVA段，测定范围0.1～199 $mW \cdot cm^{-2}$

5.3.3 恒温培养箱

5.3.4 压力蒸汽灭菌器

5.4 试剂和材料

5.4.1 磷酸盐缓冲（PBS，0.06mol·L^{-1}）生理盐水洗脱液

称取2.7g磷酸二氢钾，7.0g磷酸氢二钾，8.5g氯化钠，加1000mL蒸馏水溶解。为便于细菌洗脱，可加入少量表面活性剂（如吐温-80）。置于压力蒸汽灭菌器中，于121℃下高压湿热灭菌15min。

灭菌后的洗脱液应于5~10℃下保存。保存期为30d。

5.4.2 菌种

5.4.2.1 大肠埃希氏菌（*Escherichia coli*） AS1.90

5.4.2.2 金黄色葡萄球菌（*Staphylococcus aureus*） AS1.89等同ATCC6538p

注：根据产品的使用要求，也可选用其他菌种作为试验菌种，但所用菌种必须由国家相应菌种保藏管理中心提供并可溯源。

5.4.3 营养肉汤（NB）

称取3.0g牛肉膏、10.0g蛋白胨、5.0g氯化钠，加1000mL蒸馏水溶解，室温下用0.1mol·L^{-1}的氢氧化钠或0.1mol·L^{-1}的盐酸溶液调节pH值为7.0~7.2；置于压力蒸汽灭菌器中，于121℃下高压湿热灭菌15min。

灭菌后的营养肉汤应于5~10℃下保存。保存期为30d。

5.4.4 营养琼脂（NA）

称取5.0g牛肉膏、10.0g蛋白胨、5.0g氯化钠、15.0g琼脂，加1000mL蒸馏水溶解，室温下用0.1mol·L^{-1}的氢氧化钠或0.1mol·L^{-1}的盐酸溶液调节pH值为7.0~7.2；置于压力蒸汽灭菌器中，于121℃下高压湿热灭菌15min。

灭菌后的营养琼脂应于5~10℃下保存。保存期为30d。

5.4.5 平板计数琼脂

称取2.5g酵母粉、5.0g胰蛋白胨、1.0g葡萄糖、15.0g琼脂，加1000mL蒸馏水溶解，室温下用0.1mol·L^{-1}的氢氧化钠

或0.1mol·L^{-1}的盐酸溶液调节pH值为7.0~7.2，置于压力蒸汽灭菌器中，于121℃下高压湿热灭菌15min。

灭菌后的平板计数琼脂应于5~10℃下保存。保存期为30d。

5.5 操作步骤

5.5.1 菌种保藏

将标准菌种用接种环接种在营养琼脂（NA）斜面培养基或其他适合的培养基上，置于恒温培养箱中，在（37±1)℃下培养24~48h，然后于冰箱中在5~10℃下保藏。一个月内将其接种到新的斜面（以此类推)，但接种次数从菌种中心得到的细菌算起不应超过14代。如保存时间达到或超过一个月，不可进行继代培养。

5.5.2 菌种的活化

将斜面保藏菌转接到NA平板或斜面培养基上，置于恒温培养箱中，在（37±1)℃下培养(24±1)h，每天转接1次，连续转接不超过2周。试验时应采用连续转接2次后（第3~14代）的24h内转接的新鲜细菌培养物。

5.5.3 接种菌液的制备

用于大肠杆菌菌悬液配制的NB为500倍水稀释液（即0.2% NB)，用于金黄色葡萄球菌悬液配制的NB为100倍水稀释液（即1% NB)。室温下用0.1mol·L^{-1}的氢氧化钠或0.1mol·L^{-1}的盐酸溶液调节pH值为7.0~7.2；为便于细菌分散可加入少量表面活性剂（如吐温-80)。

用接种环从活化好的新鲜细菌培养物上取少量新鲜细菌，加到上述稀释液中，依次10倍梯度稀释，选取菌液浓度为$(2.5\sim10)\times10^5$cfu·mL^{-1}的梯度作为试验用菌液。

若配好的接种液不能立刻使用，则应在0℃下保存，4h内使用。

5.5.4 样片制备

5.5.4.1 标准空白对照样

采用医用级聚乙烯（PE）制成的试样，标准尺寸为(50 ±2)mm ×(50 ±2)mm，厚度小于10mm。准备9片，其中3片用于接触时间洗脱，3片用于明条件试验，3片用于暗条件试验。

5.5.4.2 光催化试样

从制品或材料上选取平整的部分，按步骤5.5.4.1中的标准尺寸准备6片，3片用于明条件试验，3片用于暗条件试验。

5.5.4.3 试验用膜

采用医用级聚乙烯膜（PE）制成，标准尺寸为(40 ±2)mm ×(40 ±2)mm，厚度0.02 ~0.1mm；若样片尺寸较小，可相应减少膜的尺寸，并适当减少接种菌液量，但要保证接种菌液中细菌个数不少于10^5cfu。

若试样是织物，采用的膜尺寸为(50 ±2)mm ×(50 ±2)mm，样品尺寸为(40 ±2)mm ×(40 ±2)mm。

5.5.4.4 试样、膜的清洁

用脱脂棉蘸酒精擦拭上述试样、膜2 ~3次，充分干燥待用。若试样不适合用酒精擦拭，也可采用其他适合的方法清洁(如无菌水擦拭后，置紫外灯下照射)。

对于光催化试样，采用不低于1.0mW · cm^{-2}的紫外（UVA）照射24h来清洁样片表面。

5.5.5 接种

将步骤5.5.4中的各个试样分别放入洁净的平皿中，试验面朝上。用移液管准确量取0.4mL按5.5.3步骤制得的接种液，滴加到每个试样的表面，小心地用薄膜覆盖，调节薄膜使菌液分散均匀。注意不要将菌液溢出洒落，否则试验无效。

对于织物试样，将薄膜置于样品下方，然后滴加菌液到样品上。

5.5.6 培养

打开黑光灯（UVA），稳定0.5h以上，然后调节黑灯管高度或功率来调节光照强度，采用紫外照度计测量，使明条件中到达样片表面的光照强度为 0.01 ~ 0.1mW · cm^{-2}，具体光照强度须在报告中注明。

将步骤 5.5.5 得到的 3 个标准空白对照样、3 个光催化试样置于明条件下，另外 3 个标准空白对照样、3 个光催化试样置于暗条件下。为保证样品培养过程中的湿度，平皿中样品下部可以放置一块潮湿纱布，注意不要将菌液沾染到纱布上。

明条件和暗条件的培养条件控制为：温度 (35 ± 1)℃，相对湿度不低于 85%，培养时间为 8 ~ 24h。

5.5.7 洗脱、计数

5.5.7.1 "0" 接触时间试样的洗脱、计数

在 3 个 "0" 接触时间的标准空白对照样中分别加入 20mL 磷酸盐缓冲生理盐水洗脱液，充分洗脱后，按照 GB/T 4789.2 对洗脱液进行活菌计数。

5.5.7.2 培养后试样的洗脱、计数

采用步骤 5.5.7.1 的方法进行洗脱，之后马上按照 GB/T 4789.2 对洗脱液进行活菌计数。

注：如任何培养皿中均没有菌落，则记录为小于 1。如果细菌数和稀释比例不成反比，则要考虑是否是脱落抗菌剂的作用而影响了菌落的形成。

5.6 活菌数计算

活菌数以 N 计，数值以 cfu 表示，按式 (1) 计算：

$$N = C \times D \times V \quad (1)$$

式中 C——菌落数（3 个培养皿的平均值）的数值，cfu；

D——稀释倍数；

V——用于洗脱的洗脱液的体积的数值，mL。

对 3 个试样的活菌数取算术平均值，保留两位有效数字。

5.7 结果计算

5.7.1 试验成立条件

只有下述 3 个条件全部成立，试验被判定有效。反之，则试验无效，须重新进行试验。

（1）空白对照样。接触时间的活菌数满足如下条件：

$$(L_{最大} - L_{最小})/L_{平均} \leqslant 0.2$$

式中 $L_{最大}$——活菌数的最大对数值；

$L_{最小}$——活菌数的最小对数值；

$L_{平均}$——3 个试样的活菌数对数的平均值。

（2）“0”接触时间空白对照样的活菌平均值应为$(1.0 \sim 4.0) \times 10^5$cfu。

（3）明条件、暗条件的 3 个空白对照样经 8 ~24h 培养后的活菌数均不能小于 1.0×10^3cfu。

5.7.2 抗细菌率的计算

试验成立条件下，抗细菌率以 $R_{总}$ 计，数值以%表示，按式（2）计算：

$$R_{总} = [(C_0 - C_1)/C_0] \times 100 \tag{2}$$

式中 C_0——明条件下对照样片经培养后的活菌计数的数值，cfu；

C_1——明条件下光催化样片经培养后的活菌计数的数值，cfu。

光催化材料在 UVA 照射下的抗细菌贡献值以 $R_{光}$ 计，数值以%计算，按式（3）计算：

$$R_{光} = [(B_1 - C_1)/B_1] \times 100 \tag{3}$$

式中 B_1——暗条件下光催化样片经培养后的活菌计数的数值，cfu。

6 试验报告

试验报告至少包括以下内容：

a）光照条件（包括光源波长、到达试样表面的光照强度、光照时间）；

b）试验用菌；

c）抗细菌率（$R_{总}$、$R_{光}$）等。

参考文献

[1] 季君晖，史维明．抗菌材料[M]．北京：化学工业出版社，2003.

[2] 金宗哲．无机抗菌材料及应用[M]．北京：化学工业出版社，2004.

[3] 张彬．抗菌白炭黑[M]．北京：冶金工业出版社，2007.

[4] 苏锵．院士科普书系：稀土元素——您身边的大家族[M]．北京：清华大学出版社；广州：暨南大学出版社，2000.

[5] E. Pretsch P. Bühlmann C. Affolter（荣国斌译，朱士正校）．Structure Determination of Organic Compounds Tables of Spectral Data（波谱数据表——有机化合物的结构解析）．上海：华东理工大学出版社，2002.

[6] 吴兴惠．无机抗菌材料及应用[J]．云南大学学报（自然科学版），2002，24(1A)：1～10.

[7] 肖士民，甘舸，丁宁．云峰5A抗菌银型沸石的合成及红外谱图[J]．华南理工大学学报（自然科学版），2002，30(4)：69～72.

[8] 张庆军，莫文玲，王占乐．沉淀法制备纳米白炭黑的结构及性质的研究[J]．硅酸盐通报，2005，4：118～121.

[9] 冯乃谦，严建华，翟凡，等．无机抗菌剂、抗菌制品及其测试方法[J]．中华预防医学杂志，1998，32(5)：315～316.

[10] 内田真志．银沸石[J]. J. Antiact. Antifurg. Agents. 1996. 24(11)：735～742.

[11] 柳清菊，王毓德，赵景畅，等．强力安全的无机抗菌功能材料[J]．无机材料学报，2002，17(1)：73～78.

[12] Diganta Kalita, Swapnalee Sarmah, Siva Prasad Das, Diganta Baishya, Ashok Patowary, Sashi Baruah, Nashreen S. Islam. Synthesis, characterization, reactivity and antibacterial activity of new peroxovanadium (V) complexes anchored to soluble polymers [J]. Reactive and Functional Polymers. 2008, 68 (4): 876～890.

[13] S. M. Magaña, P. Quintana, D. H. Aguilar, J. A. Toledo, C. Ángeles-Chávez, M. A. Cortés, L. León, Y. Freile-Pelegrín, T. López and R. M. Torres Sánchez. Antibacterial activity of montmorillonites modified with silver [J]. Journal of Molecular Catalysis A: Chemical. 2008, 281(Issues 1-2): 192～199.

[14] Jia Husheng, Hou Wensheng, Wei Liqiao, Xu Bingshe, Liu Xuguang. The structures and antibacterial properties of nano-SiO_2 supported silver/zinc-silver materials [J]. Dental Materials. 2008, 24: 244～249.

[15] Li Jing, Zheng Lifang, Zhang Kaifeng, Feng Xiaoqiang, Su Zhongxing, Ma Jiantai. Synthesis of Ag modified vanadium oxide nanotubes and their antibacterial properties [J]. Materials Research Bulletin. 2008, 43(10): 2810～2817.

[16] Zhang Bin, Xie Gang, Tang Xiaoning, Wang Xiaonan. Preparation and Characterization of Cu-Ag-Inorganic Antibacterial Material Containing Rare Earths [J]. JOURNAL OF RARE EARTHS. 2007, 25(spec.): 175 ~ 181.

[17] Lin Yingguang, Yang Zhuoru, Cheng Jiang. Prepamtion, Chaiacterization and Antibacterial Property of Cerium Substituted Hydmxyapatite Nanopatticles [J]. Journal of Rare Earths. 2007, 25(4): 452 ~ 456.

[18] Meng Junping, Liang Jinsheng, Wang Lijuan, Li Yangxian, Ding Yan, Yie Lei. Preparation and Properties of Pressing Powders for Bioactivity Pottery Doped with Rare Earth [J]. Journal of Rare Earths. 2007, 25, Suppl.: 208 ~ 211.

[19] Liang Jinsheng, Meng Junping, Wang Lijuan, Ding Yan, Li Yangxian, Nie Lei. Preparation and Property of Black Pottery for Bioactivity [J]. Journal of Rare Earths. 2007, 25, Suppl.: 204 ~ 207.

[20] 张葵花，谭绍早，刘应亮，等. 银-铈/沸石型复合抗菌剂的结构及抗菌活性 [J]. 中国矿业，2007, 16(3): 104 ~ 107.

[21] Tan Shaozao, Zhang Liling, Xia Liaoyuan, Liu Yingsang, Li Duxin. Structure and antibacterial activity of new layered perovskite compounds [J]. Transactions of Nonferrous Metals Society of China. 2007, 17(2): 257 ~ 261.

[22] Tan Shaozao, Ding Liucai, Liu Yingliang, Ouyang Yousheng, Chen Yiben. Synthesis and antibacterial activity of new layered perovskite compounds, $Ag_xNa_{2-x}La_2Ti_3O_{10}$ [J]. Chinese Chemical Letters. 2007, 18(1): 85 ~ 88.

[23] 姜莉，刘奎仁，简小琴，等. 稀土掺杂 TiO_2 光催化抗菌材料的制备与性能研究 [J]. 东北大学学报（自然科学版），2007, 28(9): 1333 ~ 1337.

[24] 姜莉，梁艳，刘奎仁，等. La、Ho 掺杂 TiO_2 光催化抗菌材料的制备与抗菌性能 [J]. 稀土，2007, 28(1): 6 ~ 11.

[25] 鲍长利，张晓宇，刘淑霞，等. 稀土氧化物掺杂对 TiO_2/沸石光催化性能的影响 [J]. 吉林大学学报（理学版），2007, 45(6): 1024 ~ 1026.

[26] Tang Xiaoning, Xie Gang, Zhang Bin, Wang Xiaonan. Silver Supported on White Carbon Black Containing Rare Earths as Antibacterial Material [J]. Journal of Rare Earths. 2007, 25(spec.): 97 ~ 103.

[27] I. A. Kartsonakis, P. Liatsi, I. Danilidis, D. Bouzarelou, G. Kordas. Synthesis, characterization and antibacterial action of hollow titania spheres [J]. Journal of Physics and Chemistry of Solids. 2008, 69(1): 214 ~ 221.

冶金工业出版社部分图书推荐